Interim Manager berichten aus der Praxis

Marketing- und Sales-Intelligenz im Maschinen- und Anlagenbau

Autor: Eckhart Hilgenstock

Reihe: Von Interim Managern lernen

Herausgeber: Dr. Harald Schönfeld, Jürgen Becker

Bei dem vorliegenden Buch „Marketing- und Sales-Intelligenz im Maschinen- und Anlagenbau“ handelt es sich um einen auszugsweisen Sonderdruck aus dem Sammelband „Maschinen- und Anlagenbau – Interim Managern berichten aus der Praxis“ (ISBN 978-3-947818-75-4), an dem insgesamt zehn Autoren mitgewirkt haben (Eckhart Hilgenstock, Dr. Harald Schönfeld, Jürgen Becker, Peter Lüthi, Hans Rolf Niehues, Michael Weimar, Manfred Richter, Falk Janotta, Dr. Uwe Seidel, Götz Stapelfeldt).

In dem hier vorgelegten Auszug wird das Thema „Sales- und Marketing-Intelligenz im Maschinen- und Anlagenbau“ in den Mittelpunkt gerückt, weil es sich dabei um einen besonders wichtigen Aspekt des Gesamtwerkes handelt.

Die Herausgeber der Reihe „Von Interim Managern lernen“ danken dem Fachbuchautor und Interim Manager Eckhart Hilgenstock, dass er sein wertvolles Know-how auch über das Hauptwerk hinausgehend für das hier vorliegende Buch zur Verfügung gestellt hat.

Eckhart Hilgenstock
Interim Executive

Interim Manager berichten aus der Praxis

Marketing- und Sales-Intelligenz im Maschinen- und Anlagenbau

Mit einem Vorwort von Hang Nguyen, Generalsekretärin Diplomatic Council, und einer Einführung von Dr. Harald Schönfeld und Jürgen Becker, Gründer und Geschäftsführer United Interim

Reihe „Von Interim Managern lernen"

Hrsg: Dr. Harald Schönfeld, Jürgen Becker

Diplomatic Council Publishing

1. Auflage 2022

Bibliografische Informationen der Deutschen Nationalbibliothek

Die Deutsche Nationalbibliothek verzeichnet diese Publikation in der Deutschen Nationalbibliografie; detaillierte bibliografische Daten sind im Internet über http://dnb.d-nb.de abrufbar.

Printed in the Federal Republic of Germany.

Gestaltung, Cover, Satz: IMS International Media Services, Wiesbaden

Gedruckt auf säurefreiem Papier.

Print ISBN: 978-3-98674-020-7

E-Book ISBN: 978-3-98674-021-4

Inhalt

Vorwort

Es gibt keine anderen Führungskräfte als Interim Manager, die im Laufe ihres Berufslebens so viele Unternehmen und so viele verschiedene unternehmerische Herausforderungen kennenlernen. Daher wurde es höchste Zeit, eine eigene Buchreihe „Von Interim Managern lernen“ aufzulegen, um dieses geballte Know-how zu bündeln und einer breiteren Fachöffentlichkeit zugänglich zu machen. Der Autor des hier vorliegenden Buches, Eckhart Hilgenstock, steht beispielhaft und vorbildlich für dieses hochqualifizierte und vor allem praxisnahe Know-how von Interim Managern.

Das Diplomatic Council (DC), ein globaler Think Tank mit Beraterstatus bei den Vereinten Nationen (UNO), hat sich hierzu United Interim (UI), das führende Netzwerk qualifizierter Interim Manager im deutschsprachigen Raum, zum Partner gewählt. Die beiden Herausgeber der Buchreihe, Dr. Harald Schönfeld und Jürgen Becker, sind zugleich die Gründer und Geschäftsführer von United Interim; sie kennen daher dieses Marktsegment besser als irgendjemand anderes. Dieses Wissen gepaart mit einem langjährig entwickelten, vertrauensvollen und persönlichen Verhältnis zu praktisch allen qualifizierten Interim Managern von Relevanz im deutschsprachigen Raum gewährleistet, dass in der Buchreihe „Von Interim Managern lernen“ tatsächlich nur die Besten der Besten zu Wort kommen.

Dieses geballte Know-how stellen wir einmal mehr im Band „Interim Manager berichten aus der Praxis: Maschinen- und Anlagenbau“ zur Verfügung. Das ist kein Zufall – kaum ein anderer Industriesektor mit derart großer Bedeutung für unsere Volkswirtschaft befindet sich in einem so massiven Veränderungsprozess wie der Maschinen- und Anlagenbau.

Vor diesem Hintergrund erscheint das vorliegende Buch genau zum richtigen Zeitpunkt, um den Entscheidungsträgern in der Branche beim Thema „Marketing- und Sales-Intelligenz im Maschinen- und Anlagenbau“ mit klugem und vor allem praxiserprobtem Rat zur Seite zu stehen. Noch besser: Wer über den Rat hinaus tatkräftige Unterstützung bei Strategie und/oder Umsetzung benötigt, kann den Verfasser des Buches direkt ansprechen. Sein Profil inklusive Kontaktdaten befindet sich in der Sektion „Über die Autoren“ am Ende des Werkes. Denn Eckhart Hilgenstock ist nicht in erster Linie Autor, sondern er ist vor allem Interim Manager, der eben nicht nur mit Rat, sondern insbesondere auch mit Tat zur Seite steht.

In diesem Sinne wünsche ich dem vorliegenden Band einen guten Start, möge die geneigte Leserschaft ein Maximum an Nutzen aus der Lektüre ziehen. Mein Dank gilt dem Interim Manager Eckhart Hilgenstock, der sich die Zeit genommen hat und bereit ist, sein profundes Know-how in diesem Werk darzustellen, und natürlich den beiden Herausgebern; alle haben sich um die hohe Qualität verdient gemacht.

Hang Nguyen

Generalsekretärin Diplomatic Council

Von Interim Managern lernen

Einführung von Jürgen Becker und Dr. Harald Schönfeld, beide Gründer und Geschäftsführer der United Interim GmbH

Es gibt wohl kaum eine Berufsgruppe, die mehr über die betriebliche Praxis weiß als Interim Manager. Sie wissen viel besser Bescheid als die meisten fest angestellten Manager, weil sie im Laufe ihres Berufslebens viele verschiedene Unternehmen, unterschiedliche Situationen und Herausforderungen kennen lernen. Gerade in Zeiten, in denen sich viel verändert – wie jetzt in der Folge der Pandemiejahre mit all ihren Umwälzungen –, bieten die Erfahrungen und das Know-how von Interim Managern einen echten Schatz. Das gilt insbesondere für eine Branche wie den Maschinen- und Anlagenbau, die sich in einem starken Wandel befindet. Gerade die Lieferengpässe, die Digitalisierung und auch die Knappheit an Talenten gehören zu den wichtigsten Herausforderungen. Bei all dem sollen am Markt auch noch Kunden gewonnen werden, die Menschen intern zukunftsgerecht geführt und insgesamt gesehen natürlich auch noch Geld verdient werden.

Mit der Buchreihe „Von Interim Managern lernen" wird das Know-how von praxisorientierten Umsetzungsexperten erstmals gebündelt. Die sorgfältige Auswahl durch die Herausgeber stellt sicher, dass in dieser Reihe ausschließlich die „Besten der Besten" unter den Interim Managern mit Themen zu Wort kommen, die aktuell im Maschinen- und Anlagenbau brennen; aus jedem Fachgebiet und aus jeder fachlichen Perspektive immer nur einer. Beispielgebend hierfür steht Eckhart Hilgenstock mit seinem Fachgebiet „Marketing- und Sales-Intelligenz im Maschinen- und Anlagenbau". Alle Interim Manager vereint das Streben nach operativer Exzellenz für ihre Kunden: Es geht um die zukunftsfähige Umsetzung und Durchsetzung von Veränderungen, eine in der Praxis auch wirklich funktionierende Gewinnung von Kunden, eine zeitgemäße Führung der Mitarbeiter, eine Steigerung der Performance und damit eine Verbesserung der Wertschöpfung des Unternehmens und natürlich eine erhöhte Rentabilität! All das sind Themen, für die Interim Manager engagiert werden. Traditionell zählt der Maschinen- und Anlagenbau (in der Folge häufig nur als „Maschinenbau" bezeichnet), zu den stärksten Nachfragern der Leistung von Interim Managern. Siehe dazu auch die folgende Abbildung 1: An deren Entscheider richtet sich dieses Buch. Ebenfalls zählen aber auch Kapitalbeteiligungsgesellschaften, Investoren, Banken und an der Branche generell interessierte Leser zu den Adressaten.

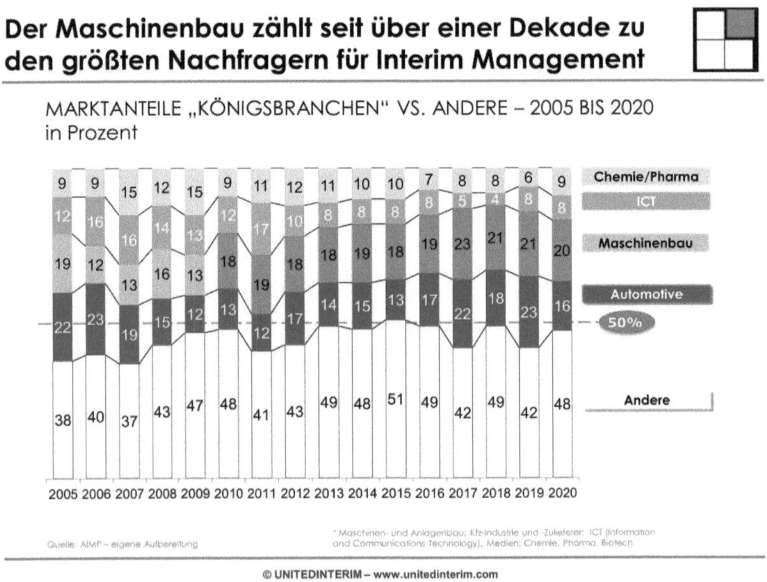

Abbildung 1: Marktanteile der Branchen. Quelle: AIMP (2021)

Interim Manager: Was ist das und worum geht es?

Interim Manager gibt es im deutschen Sprachraum seit über 40 Jahren. Andere Bezeichnungen sind „Manager auf Zeit“ oder auch „Manager ad interim“. Im süddeutschen und österreichischen Sprachraum findet sich manchmal auch ein „Fugen-s“: Interimsmanager. Die Online-Ausgabe des Gabler Wirtschaftslexikons gibt folgende Definition (Interim Management, 2018):[1]

Beim Interim Management arbeiten ***selbstständig tätige*** *Interim Manager für einen* ***definierten Zeitraum*** *(üblicherweise 3-18 Monate) i.d.R. in unternehmerischer Verantwortung in einem Unternehmen in einer Führungsposition der ersten und zweiten Ebene. Interim Manager werden in unterschiedlichen Situationen und Aufgabengebieten eingesetzt, z.B. zur Überbrückung bei unvorhersehbaren Vakanzen beim Ausfall einer Führungskraft, zur Restrukturierung und Sanierung, im Projektmanagement, zur Einführung neuer Programme oder bei der Gründung, Übernahme oder Veräußerung von Unternehmen.*

Interim Manager gelten als Top-Segment innerhalb der Freelancer. In der DACH-Region (Deutschland, Österreich, Schweiz) arbeiten nach einer zusammenfassenden Studie (Xing, 2019) gut 1,5 Millionen Freelancer (Einzelunternehmer, Freiberufler). Nach dieser Untersuchung kann sich zusätzlich jeder zweite Angestellte vorstellen, als Freelancer zu arbeiten. Besonders stark ist das Interesse in der jüngeren Generation. Für die USA wird schon jetzt angenommen, dass im Jahre 2027 mehr als die Hälfte der Arbeitskräfte Freelancer sein werden. Für die DACH-Region kann aktuell nach einer Schätzung des AIMP (2021) von circa 15.000 Interim Managern ausgegangen werden.[2]

Die DDIM (Dachgesellschaft Deutsches Interim Management e.V.) ist der führende Wirtschafts- und Berufsverband für Interim Management in Deutschland und bezeichnet Interim Management zunächst als **eigenes Angebotssegment im Markt der Management Dienstleistungen**, welches sich von der Nachbarbranche der Unternehmensberatung in der Art des Services unterscheidet (DDIM 2020a):[3]

„*Während* ***Unternehmensberatungen*** *einen externen, unabhängigen Service bieten, bei dem die Entscheidungsbefugnis und -verantwortung beim Auftraggeber verbleiben, arbeiten Interim Manager in der Regel in unternehmerischer Verantwortung im Mandanten-Unternehmen. Für einen definierten Zeitraum werden sie zum integralen Bestandteil des internen Teams. Interim Manager arbeiten freiberuflich und auf eigenes Risiko. Sie werden in Führungspositionen der ersten und zweiten Ebene eingesetzt.*“

In der Praxis haben Interim Manager mit Beratern einige Überschneidungen. Der wesentliche Unterschied wird jedoch darin gesehen, dass Interim Manager ihren Fokus auf die operative Umsetzung oder Durchsetzung von Maßnahmen legen. Diese operativen Tätigkeiten können durchaus auf Empfehlungen aufsetzen, die vorher von einem Berater gegeben wurden – oder vom Interim Manager selbst, der vorher eine Analyse durchgeführt hat.

Eine weitere Abgrenzung ist die „nach unten“, nämlich zur **Zeitarbeit** bzw. zum **Personalleasing.** Die DDIM (2020a) spricht von „*substituierbaren Tätigkeiten im ausführenden Bereich (…). Die Arbeitskräfte sind zumeist Angestellte der Leasingfirma und werden dem Auftraggeber für einen befristeten Zeitraum überlassen.*“

Üblicherweise sind Interim Manager selbstständige bzw. freiberufliche Dienstleister. Sie bleiben dies auch während ihres Projekteinsatzes bei ihren Mandanten. Einige arbeiten firmenrechtlich auch unter dem Dach einer eigenen Gesellschaft (i.d.R. GmbH) oder einer Sozietät mit Kollegen. Die meisten Interim Manager verfügen über eine universitäre Ausbildung und langjährige Erfahrung in leitenden Positionen. Üblich sind – je nach Spezialisierung – eine ganze Reihe an Zusatzaus- und Weiterbildungen, insbesondere zu aktuellen Themen. Sobald die Aufgabe erledigt bzw. das Projekt beendet ist, verlassen die Interim Manager ihren Auftraggeber wieder und wenden sich einem neuen Kunden zu. Ein viel zitiertes Motto lautet: *„Wir kommen, um zu gehen!“*. Je nach Aufgabe dauern die Mandate wenige Monate bis zu zwei Jahren – der Durchschnitt liegt bei circa neun Monaten.

Die **Anfänge** des Interim-Business liegen ursprünglich im Sanierungs- und Restrukturierungsgeschäft. Die Idee vom Feuerwehrmann und harten Krisenmanager prägte über Jahre hinweg das Bild in der Presse und Öffentlichkeit. Seit die Branche und einzelne Kategorien durch Studien erfasst werden, blieben die Einsätze als Sanierer oder als Restrukturierer jedoch selbst in gesamtwirtschaftlichen Krisenphasen immer unter 20 Prozent (AIMP, 2021). Dies geht aus der nachfolgenden Abbildung 2 hervor – vor allem im Vergleich zu anderen Einsatzfeldern.

Sein größtes Volumen schöpft das Interim-Business seit Jahren aus der Überbrückung von offenen Stellen (Vakanz-Überbrückungen / Projekt-Vakanz), selbst wenn diese i.d.R. nur wenige Monate dauern: Ein Unternehmen holt einen Interim Manager an Bord, der das Tagesgeschäft absichert, bis der neue Mitarbeiter gefunden ist, gekündigt hat und anfangen kann. Neben der Führung des Tagesgeschäftes ist es üblich, dass ein

Interim Manager parallel ein bestehendes Problem oder eine Chance analysiert, dazu Lösungskonzepte entwickelt und mit hoher Umsetzungssicherheit auch realisiert. Dieses aus Unternehmenssicht smarte Vorgehen stand in seiner Hochzeit (2010/2011) für gut 40 Prozent des Geschäftes. Weil so etwas für die nachfragenden Unternehmen zweckmäßig und mit einem hohen Mehrwert verbunden ist, kann erwartet werden, dass **Vakanzüberbrückungen** auch in Zukunft einen nennenswerten Anteil am Interim-Business haben werden.

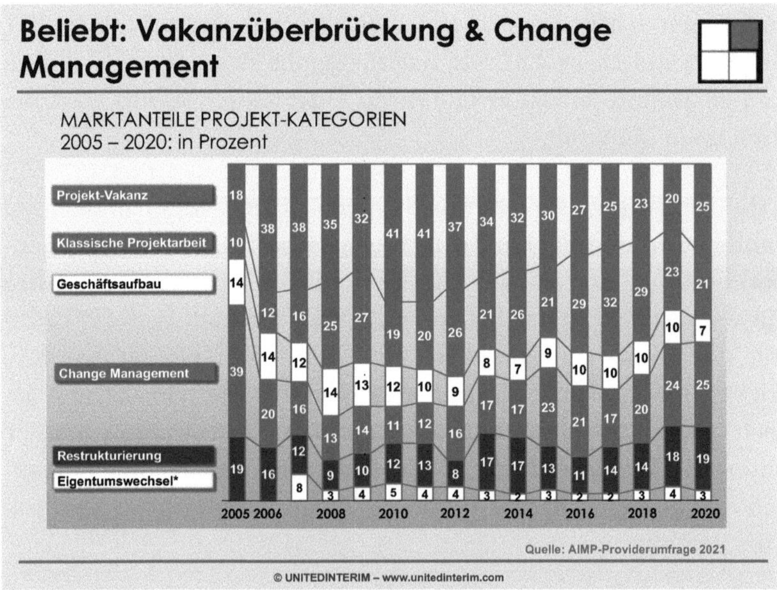

Abbildung 2: Einsatzfelder für Interim Manager. Quelle: AIMP (2021).

Wir gehen davon aus, dass die **klassische Projektarbeit** – einschließlich Themen im **Change-Management** – weiter einen hohen Stellenwert einnehmen wird. Allein deshalb, weil schlank aufgestellte Unternehmen kaum freie Kapazitäten haben, um diese Aufgaben aus eigenen Ressourcen abzudecken und weil eine zeitlich genau definierte Arbeit im Projekt in perfekter Weise mit dem Konzept des Interim Managements harmoniert. Das umfasst die zügige Umsetzung von **Transformationsvorhaben,** bei der ein passender Interim Manager neben „Kapazität“ auch noch das notwendige neue inhaltliche und methodische Wissen mitbringt.

Inzwischen sind Interim Manager in ihrer Gesamtheit weiblicher und wesentlich jünger geworden. Das Durchschnittsalter liegt bei Anfang Fünfzig. Einsteiger starten immer früher und sehen Interim Management als sinnvolle und selbstbestimmte Fortsetzung der bisherigen Angestellten-Karriere – nunmehr als Unternehmer in eigener Sache und mit eigenem Auftritt am Markt[4].

Die von Interim Managern bearbeiteten Themen und Projekte bestehen aktuell aus einer bunten Mischung aus allen Unternehmensbereichen: Vom Einkauf, der Entwicklung, über die Produktion, die Logistik, den Finanzbereich, HR und Unternehmensführung bis hin zum Business Development. Einige Interim Manager haben sich zudem auf Sonderthemen oder Sondersituationen spezialisiert.

Beispiele sind im Bereich der Umsetzung von Digitalisierungsvorhaben, der Internationalisierung oder rund um Mergers & Acquisitions (M&A) / Eigentumswechsel zu finden.

Auch die Restrukturierung und Sanierung besteht weiterhin als etabliertes Marktsegment im Interim Management. Die vielen Projekte im Personalbereich – eine statistisch überwiegend weibliche Domäne – stehen als Beispiel für zunehmend mehr Frauen, die sehr erfolgreich als Interim Managerinnen tätig sind.

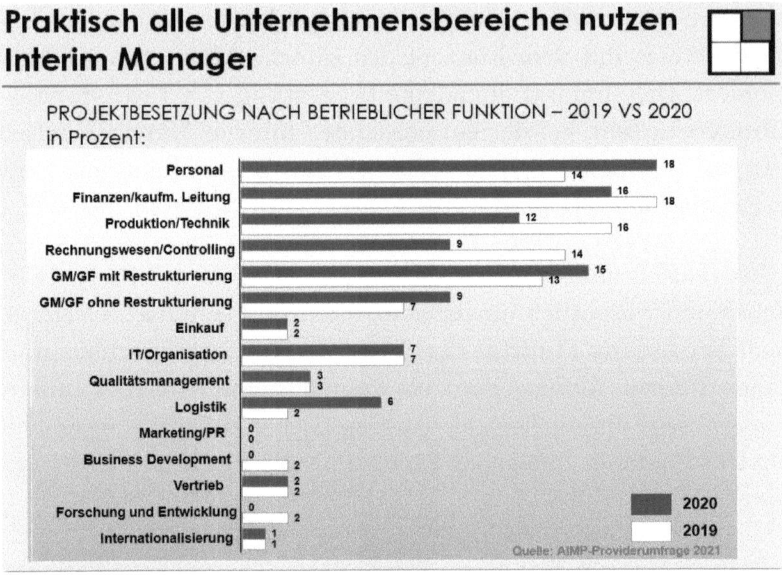

Abbildung 3: Projekte nach betrieblicher Funktion. AIMP (2021).

Neue Herausforderungen

Die Abkürzung „VUCA“ hat schon vor Corona das Umfeld der Unternehmen – auch im Maschinen-und Anlagenbau – durch einen zunehmenden Grad an Veränderlichkeit (V), Unsicherheit (U), Komplexität (C) und Ambiguität (A) beschrieben. Eine „**VUCA-World**“ lenkt den Blick auf zahlreiche aktuelle Herausforderungen, bei denen im Grunde „alles“ passieren kann.

Als Haupttreiber werden in der bisherigen Literatur und Diskussion die Digitalisierung und Globalisierung der Märkte angesehen. Auch eine Corona-Situation, bei der in völlig unerwarteter und extremer Weise auf den „Pause-Knopf“ der Weltwirtschaft gedrückt wurde und die gleichzeitig als Brandbeschleuniger für Veränderungen diente, hatte keiner auf dem Zettel. Somit handelt es sich mit VUCA um ein brauchbares Erklärungskonzept für schnell wandelnde Wertschöpfungsketten unter folgenden Merkmalen:

- **Projekte:** Ein wichtiges Phänomen innerhalb der Unternehmen ist der Trend zum Projekt und zur Projektorganisation. Und da die Innovations- und Produktlebenszyklen immer kürzer werden, sind wichtige Aufgabenstellungen meist erst kurz vor ihrem Akutwerden erkennbar.

- **Flexibilität:** Die geringer werdende Planbarkeit steigert grundsätzlich die Nachfrage nach schnell und flexibel einsetzbaren „Ressourcen", vor allem personeller Art.

- **Wissen:** Der hohe Neuigkeitsgrad von all dem, was getan werden muss, erfordert eine schnelle Verfügbarkeit von aktuell notwendigem Know-how und erforderlichen Kompetenzen.

- **Dem Neuen zuwenden können**: Es wird zunehmend bedeutsam, nicht am Bisherigen festzuhängen, sondern loslassen und sich dem Neuen aktiv zuwenden zu können. Es liegt auf der Hand, dass eine fachlich ausgewiesen kompetente Person, die von außen kommt, emotional keine bindende Historie oder Verpflichtungen hat, keine Politik in Sachen eigener Interessen oder Karriere verfolgt und in der Regel eine ähnliche Aufgabenstellung schon einmal erfolgreich bewältigt hat, hohe Akzeptanz in der Umsetzung erfährt. Sie stellt eine große Unterstützung im Unternehmen in sachlicher und emotionaler Hinsicht dar.

Für Unternehmen wird es immer wichtiger, kompetent mit diesen Veränderungen umgehen zu können. Es gilt, Bewährtes und durchaus bisher Erfolgreiches bewusst zu beenden und Neues zu wagen. Damit geht die Anforderung einher, neugierig zu sein, neu zu denken, zu lernen (nie auszulernen) und auszuprobieren; auch gegen innere Zweifel und äußere Widerstände.

Das Ganze hat neben dem Fachlichen auch eine emotionale Ebene und viel mit Werten zu tun. Und alles muss schnell gehen. Menschen, die diesen Wandel (auch als „Change“ oder „Transformation“ bezeichnet) gestalten und zielgerichtet treiben können, sind somit zunehmend notwendig.

Die punktgenaue Nutzung aller Personal- und Managementressourcen ist dabei ein wesentlicher Erfolgsfaktor.

Wachstumsmotor in der DACH-Region mit Fähigkeit zur Veränderung

Der Maschinenbau gilt als eine der wichtigsten Branchen in der deutschen Volkswirtschaft, aber auch in der Schweiz und in Österreich. Wie später in diesem Buch von Eckhart Hilgenstock dargelegt, entwickeln sich – basierend auf dem Mitte 2021 veröffentlichen Report „Maschinenbau 2030“ der Wirtschaftsprüfungsgesellschaft Deloitte (Deloitte 2021) – vier Zukunftsszenarien.

Im **ersten Szenario** sind die Maschinenbauer mit ihrem bisherigen Konzept weiterhin erfolgreich. So könnten in weniger als einem Jahrzehnt „kundenspezifische Neumaschinen und radikale Service-Geschäftsmodelle aus der DACH-Region den weltweiten Maschinenbau beherrschen“.

Im **zweiten Szenario** ist es den Maschinenbauern gelungen, die digitale Transformation erfolgreich umzusetzen. Spezialmaschinen wurden von modularen Standardmaschinen abgelöst, die durch individualisierbare Software-Lösungen einen neuen Kundennutzen bieten.

Das **dritte Szenario** geht davon aus, dass „milliardenschwere Tech-Unternehmen aus der Software- und Internet-Industrie Schlüsselpositionen im Maschinenmarkt erobern". I

Das **vierte Szenario** besteht aus einem Hybrid aus den drei vorangegangenen Szenarien.

Die verschiedenen Szenarien werden an anderer Stelle in diesem Buch ausführlich dargestellt.

Das Fazit: Es besteht ein großer Möglichkeitsraum für Veränderungen. Dabei wird der Maschinenbau auch im Jahr 2030 der Wachstumsmotor für die DACH-Region sein. Es wird jedoch weiterhin vieler Anstrengungen und einer noch stärkeren Bereitschaft zur Veränderung und Zusammenarbeit bedürfen.

Alle Entwicklungen implizieren massive Auswirkungen auf die Geschäftsmodelle, die damit verbundene Strategie, die Organisationstrukturen und -prozesse sowie die Mitarbeiter; ebenfalls auf die begleitenden Finanzprozesse und die Compliance.

Nicht zu unterschätzen sind die Einflüsse auf die Wertebene und damit auf die Unternehmenskultur. Und weil wir in diesem Buch über Manager sprechen, dann ändert sich gerade das Berufsbild dieser Führungskräfte und der dafür notwendigen Qualifikation.

Transformationen parallel zum Tagesgeschäft

Die Herausforderung – gerade in mittelständisch geprägten Strukturen – besteht darin, dass all die angesprochenen neuen

Themen auch noch neben dem normalen Tagesgeschäft bewältigt werden müssen. Dieses stellt für viele Unternehmen und Führungskräfte aber ohnehin schon eine hohe Belastung dar. Die Managementkapazitäten sind meist „auch schon so“ komplett ausgereizt.

Wenn in Unternehmen nun solche Transformationsvorhaben anstehen, helfen Interim Manager bei der schnellen und fachkundigen Umsetzung. Interim Manager entlasten und sorgen für Fokus auf das Thema. Interim Manager sind Experten für die **Umsetzung und Durchsetzung**.

Sie können in diesem Wandel unterstützend zur Seite stehen und zusätzliche Managementkapazitäten und erforderliches Know-how schnell und professionell liefern. Ihr Einsatz ist flexibel und meist kurzfristig möglich.

Unternehmen kaufen sich damit nicht nur zusätzliche Management-Ressourcen ein. Sie können sofort das notwendige, neue Know-how einsetzen, welches sie intern gar nicht so schnell aufbauen können. In den meisten Fällen kann ein Interim Manager sein Wissen auch ans Team weitergeben und dafür sorgen, dass es auch wirklich in der Praxis klappt. Gutes Interim Management beinhaltet also auch noch einen ganz pragmatischen **Know-how-Transfer on the job.**

Ganz zentral ist nach den Erfahrungen der Corona-Zeiten in den Jahren 2020 und 2021 jedoch, dass Unternehmen neben Geschwindigkeit auch noch **Sicherheit in der Umsetzung** erhalten. Warum ist das so?

Für die Umsetzung von schnellen Transformationsprozessen braucht es andere Management-Kompetenzen als für ein Tagesgeschäft, welches durch die Beherrschung von Routineprozessen gekennzeichnet ist.

Management des Tagesgeschäfts	Führung durch Veränderungssituationen
Stabiles Managen	Flexibles Gestalten
Fokus auf Prozesse	Fokus auf Personen
Formale Entscheidungen	Informelle Entscheidungen
Tiefgehende Problemanalyse	Rasche Problemanalyse
Meistens ausreichende Ressourcen	Ressourcen oft knapp bemessen
Fixe Verantwortlichkeiten	Flexible Verantwortlichkeiten
Erprobte Entscheidungsfindung	Kreative Problemlösung
Bewährte Schemata	Neue Wege
Effizienz	Effektivität
Starre Strukturen und Rahmenbedingungen	Flexible Strukturen, Rahmenbedingungen ergeben sich im Laufe der Maßnahmen
Viele Informationen	Wenig Informationen

Abbildung 4: Kompetenzen für Transformationsvorhaben. (Lettmann, 2020)

Wenn die Märkte jetzt nicht mehr nur ein „schnell", sondern ein „sofort" einfordern, wird die Fähigkeit sich zu wandeln und „schnell machen" zu können, zum strategischen Erfolgsfaktor. Es liegt auf der Hand, dass professionelle Interim Manager dazu einen wesentlichen Beitrag leisten können, der sich im Sinne eines Mehrwertes in vielfacher Weise als sinnvolle Investition rechnet.

Vorteile und Mehrwerte von Interim Managern

Die aktuell im Markt gesehenen **Kundenvorteile durch Interim Manager** fasst die DDIM so zusammen (DDIM, 2020b):[5]

„Als Hauptgründe für den Einsatz von Interim Managern werden der akute Mangel an qualifizierten Managementkapazi-

täten, Ressourcenengpässe, steigende Flexibilitätsanforderungen an die Unternehmen sowie kurzfristige Vakanzen gesehen. Interim Manager fangen Management-Engpässe auf, bringen ein Plus an Unabhängigkeit und verschaffen Unternehmen durch Flexibilität, Know-how und zusätzliche Ressourcen messbare Wettbewerbsvorteile.“

In unserer inzwischen fast 20-jährigen Praxis im Interim Management haben wir beobachtet, wie durch Interim Manager ein ganzes Bündel an Mehrwerten für Unternehmen entstehen. Natürlich wird dabei vorausgesetzt, dass das Unternehmen eine sorgfältige Auswahl trifft und sich für einen passenden Interim Manager entscheidet:

- **Geschwindigkeit**: Bestehende Vorerfahrungen und aktuelle Kompetenzen vorausgesetzt, kann davon ausgegangen werden, dass ein Interim Manager nur eine sehr kurze Einarbeitungszeit, bzw. „ramp-up-time“, braucht. Die klassischen 100 Tage eines Festangestellten schrumpfen i.d.R. auf ein bis zwei Wochen. Mit Hilfe guter Führung und moderner, professioneller Methoden- und Prozesskompetenz werden Ziele schnell erreicht.

- **Sicherheit:** Umsetzungssicherheit, Methodenkompetenz, aktuelle Skills und Know-how sowie Erfahrung aus ähnlichen Aufgabenstellungen (unter anderem belegt durch Referenzschreiben oder Case Studies) sorgen für eine hohe Erfolgswahrscheinlichkeit.

- **Akzeptanz und Nachhaltigkeit der Lösung**: Interim Manager sind darauf spezialisiert, in besonderen und unerwarteten Situationen eingesetzt zu werden. Ihre Kunden profitierten von einer neutralen und objektiven Sichtweise. Bei allen anstehenden Änderungen verfolgen Interim Manager keine eigenen (Karriere-) Interessen. Es geht nur um die Sache. Dies befähigt sie sehr rasch, Akzeptanz zu gewinnen und in der Folge gemeinsam mit allen Beteiligten Lösungsansätze zu entwickeln und nachhaltig durch- und umzusetzen.

- **Rendite:** Mit dem Einsatz eines Interim Managers geht i.d.R. eine höhere Erfolgswahrscheinlichkeit und kürzere Projektdauer einher. Die gewünschten Ziele entfalten ihre positiven Auswirkungen schneller. All das realisiert für das Unternehmen eine attraktive Rendite der Investition in einen Interim Manager.

Die einzelnen Beiträge des vorliegenden Bandes bündeln zusammengenommen ein geballtes Know-how zu den unterschiedlichen Herausforderungen, Aufgaben und Erfahrungen professioneller Interim Manager in der Praxis des Maschinen- und Anlagebaus national und international. Auch wenn wir mit allen Autoren schon seit Jahren persönlich-professionell bekannt sind und ihre berufliche Entwicklung als Interim Manager verfolgen konnten, haben wir bei der Durchsicht und Diskussion viel gelernt! Dafür danken wir.

Dem Diplomatic Council (DC) sind wir seit einigen Jahren freundschaftlich und aktiv verbunden. Wir engagieren uns gerne in diesem globalen Think Tank, Business Network und Charity Foundation mit Beraterstatus bei den Vereinten Nationen. Auf diese Weise können gemeinsam mit allen nationalen und internationalen Mitgliedern Synergien gehoben werden, wie es sonst kaum möglich wäre.

Literaturverzeichnis zu diesem Beitrag

AIMP (2021). AIMP-Arbeitskreis Interim Management Provider. AIMP-Providerumfrage 2021: https://www.aimp.de/aimp-umfragen/aktuelle-aimp-umfragen

Becker/Schönfeld/Singer (2020): Karriere-Handbuch für Interim Manager. Erfolg als Freelancer im Management, BoD-Verlag, Norderstedt, ISBN: 978-3-7519-8416-4, 330 Seiten

DDIM (2020a). Branchenprofil. https://www.ddim.de/interim-management/fuer-unternehmen/branchenprofil/

DDIM (2020b). Kundenvorteile. Website DDIM: https://www.ddim.de/interim-management/fuer-unternehmen/kundenvorteile/

Interim Management (2018). Gabler Wirtschaftslexikon – Online Lexikon: https://wirtschaftslexikon.gabler.de/definition/interim-management-52714/version-275829

Lettmann (2020). Siegfried Lettmann: Wissen Interim Management. Welchen Mehrwert hat ein Interim Manager für Ihr Unternehmen? Website butterfly-manager GmbH: https://www.butterflymanager.com/mehr-als-15-jahre-butterflymanager/welchen-mehrwert-hat-ein-interim-manager-fuer-ihr-unternehmen/

Xing (2019). Hallo! Das ist HalloFreelancer. Hallo Freelancer – Ein Service von Xing. https://www.hallofreelancer.com/

Marketing- und Sales-Intelligenz im Maschinen- und Anlagenbau

Eckhart Hilgenstock, Interim Executive (EBS), Interim Manager des Jahres 2012 (AIMP), Top Interim Manager im Manager Magazin 10/2021 und in CAPITAL 01/2022

Der Maschinen- und Anlagenbau ist eine der entscheidenden Branchen für die deutsche Volkswirtschaft. Made in Germany, German Engineering und deutsche Innovationskraft haben internationalen Markenstatus. Die wichtigste Aufgabe von Marketing und Vertrieb im Maschinen- und Anlagenbau ist die Darstellung technischer und qualitativer Leistungsmerkmale sowie des *Return on Investment.* Die Differenzierung findet über Alleinstellungsmerkmale der Maschine, der Beratung und der Serviceleistungen statt. Und: über die Art und Weise, wie das Unternehmen mit seiner Zielgruppe kommuniziert. Ein stimmiger Marktauftritt und die Nutzung digitaler Möglichkeiten für Marketing und Sales machen den Unterschied aus. Über Marketing- und Sales-Intelligenz kann der Maschinen- und Anlagenbau viel von anderen Branchen lernen.

Quo vadis, Maschinenbau?

In dem Report „Maschinenbau 2030“ der Wirtschaftsprüfungsgesellschaft Deloitte entwickeln die Autoren vier mögliche Zukunftsszenarien, die dem Maschinenbau-Sektor in der DACH-Region bis 2030 widerfahren könnten: Im ersten Szenario sind die Maschinenbauer mit ihrem bisherigen Konzept weiterhin erfolgreich. Sie haben direkten Kundenzugang und produzieren wie gehabt hochspezialisierte Maschinen für ihre

Zielgruppe. Ihre internationale Führungsposition hängt aber am seidenen Faden: Branchenfremde Tech-Giganten und Wettbewerber aus China drängen mit konkurrierenden Geschäftsmodellen auf den Markt.

Im zweiten Szenario haben die Maschinenbauer die digitale Transformation erfolgreich umgesetzt. Spezialmaschinen wurden von modularen Standardmaschinen abgelöst, die durch individualisierbare Software-Lösungen neuen Kundennutzen bieten. Die Daten- und Software-Hoheit haben in diesem Szenario die Maschinenbauer selbst inne – und nicht die Tech-Unternehmen aus Übersee. Digitale Services sichern die wirtschaftliche Handlungsfähigkeit der Unternehmen und den gesellschaftlichen Wohlstand in der DACH-Region. Aber auch hier gilt: Die Konkurrenz schläft nicht.

Das dritte Szenario skizziert den Sieg der Tech-Unternehmen am Markt: Die größte Wertschöpfung wird auch hier durch digitale Service-Lösungen erzielt, die allerdings von den branchenfremden Softwareanbietern kommen. Der Maschinenbau wird zum Zulieferer ohne direkten Zugang zu Kunden- und Maschinendaten – und muss mit chinesischen Anbietern in den Wettbewerb treten. Die digitalen Wachstumsmärkte bleiben ihm verschlossen.

Das letzte Szenario ist ein Hybrid aus den drei vorangegangenen Szenarien: Maschinenbauer und Tech-Anbieter bilden Ökosysteme, die zunehmend von der Tech-Seite dominiert sind. Spezialmaschinen sind zwar weiterhin gefragt, die digitalen Plattformen kommen allerdings von den Tech-Anbietern, wo die Maschinen- und Kundendaten liegen. Der Maschinenbau hat einen deutlich geringen Anteil an der Wertschöpfung.[6]

Die Autoren des Deloitte-Reports weisen richtigerweise darauf hin, dass diese durchaus möglichen Szenarien unter bestimmten Vorannahmen skizziert wurden – und die Leser sich nicht an Details aufhängen, sondern das Gesamtbild betrachten sollten. Verantwortliche sollten sich überlegen, wo ihr Unternehmen in jedem dieser Szenarien stehen würde. Das Fazit des Deloitte-Reports zu den Szenarien: „Der Maschinenbau wird auch im Jahr 2030 der Wachstumsmotor für die DACH-Region sein, aber es wird weiterhin vieler Anstrengungen und einer noch stärkeren Bereitschaft zur Veränderung und Zusammenarbeit bedürfen.“ Die vier Szenarien werfen Fragen auf, die richtungsweisend für die Zukunft des Maschinenbaus sind: Wie bewahren wir den direkten Zugang zu Kunden? Wie schaffen wir auch in Zukunft Mehrwert? Und wie digitalisieren wir unser Geschäftsmodell und erschließen somit neue Wachstumsmärkte?

Digitale Hausaufgaben machen

Wir stehen am Anfang der digitalen Transformation von Wirtschaft und Gesellschaft. Die Digitalisierung hat gerade erst begonnen, ist eine der Zukunftsthesen des zukunftsInstituts (Megatrends). Die Zeiten, in denen sich Unternehmen langsam an die sich verändernden Rahmenbedingungen am Markt herangetastet haben, sind allerdings vorbei. Heute gilt es, zumindest seine digitalen Hausaufgaben zu machen und eine solide Grundlage für nachhaltiges Wachstum zu schaffen. Eine besonders wichtige Rolle dabei spielen Marketing, Service und Vertrieb. Laut „B2B Sales Report“ des IT-Marktforschungsunternehmens Gartner werden bis zum Jahr 2025 80 Prozent aller B2B-Verkaufsinteraktionen zwischen Anbietern und Kunden online stattfinden.[7]

Der Grund: Die Käuferseite möchte ihren Einkauf möglichst effektiv und effizient digital abwickeln – ohne zeitraubende Gespräche. Das sieht vor allem die zunehmend jüngere Käufergeneration so. Das Zukunftsinstitut macht „Konnektivität" als einen der großen Megatrends aus, die Wirtschaft und Gesellschaft verändern werden. Die Käuferseite hat online einen direkteren Zugang zu Produktinformationen und kann sich schon vorab gründlich mit den Produkten und Dienstleistungen eines Anbieters auseinandersetzen. In einer Umfrage von Porsche Consulting behaupten sogar 68 Prozent der Online-Einkäufer, ihre eigene Online-Recherche sei besser als die von der Anbieterseite bereitgestellten Informationen.[8]

Das bedeute jedoch nicht, dass der persönliche Beratungsanteil vollkommen verschwinden wird: Besonders der Teil, an dem Anbieter und Kunde gemeinsam den wirklichen Kundenbedarf herausfinden, bleibt weiterhin wichtig. Aber dazu später mehr. Ansonsten muss in Zukunft alles viel schneller erledigt sein als heute. Laut Porsche Consulting nimmt die Nachfrage der Kundenseite nach digitalen Kanälen deutlich zu. Woran das liegt?

Eine mögliche Antwort könnte sein: Der hochgradig innovative Maschinenbau hat sich bis heute vor allem auf die technischen Möglichkeiten seiner Produkte fokussiert. Leistung und Qualität der Maschinen waren immer die Basis des Geschäftserfolgs – und bleiben es auch heute. Allerdings ist in den letzten zehn Jahren die Fokussierung auf den eigentlichen Kundenbedarf – die *Customer Centricity* – zunehmend wichtiger geworden. Maschinenbauer müssen heute in der Lage sein, die Kundenperspektive einzunehmen und ihre Produkte nach deren Bedarfen und Anforderungen zu entwickeln. Wem das gelingt, wird schnell verstehen: Das digitale Servicegeschäft sowie hochgradig individuelle und innovative Angebote werden in Zukunft immer relevanter.

Innovation ist im Maschinenbau besonders wichtig. Nicht nur bei den eigenen Produkten, beispielsweise durch die Verwendung von IIoT-Lösungen (Industrial Internet of Things) für neue Services. Auch die Innovation und Weiterentwicklung des eigenen Geschäftsmodells wird in den nächsten Jahren entscheidend sein – einschließlich der Marketing- und Sales-Prozesse. Denn: „Service is the new Sales“, wie die Tech- und Strategieberatung Accenture treffend formuliert.[9] Der Vertriebserfolg hängt künftig davon ab, wie solide die digitale Basis des Maschinenbauunternehmens ist. Und: Wie weit (digitale) Service-Lösungen entwickelt sind, die das Alleinstellungsmerkmal ausmachen und wahren Kundennutzen bieten. *Customer Centricity*, Service als digitales Geschäftsmodell und digitalisierte Marketing- und Vertriebsprozesse sind also eng miteinander verzahnt. Mit Marketing- und Sales-Intelligenz stellen Maschinen- und auch Anlagenbauer heute die Weichen für einen hohen digitalen Reifegrad für morgen, Handlungsfähigkeit und Marktdominanz.

Von anderen Branchen lernen

Digitale Werkzeuge, insbesondere im Marketing, sind seit Jahren gereift und haben neue Begriffe, wie *Customer Experience* und *Customer Journey* in das Zentrum des Denkens und Handelns gerückt. Für den traditionell bodenständigen Mittelstand bedeutet das: Niemand muss sich auf noch nicht erprobte Technologien einlassen. Andere Branchen, wie zum Beispiel die Software-Industrie, der Handel und die IT-Beratungen, sind mit ihren Ansätzen bereits weiter als die meisten mittelständischen Unternehmen im Maschinenbau. Die Branchenspezifika in Marketing und Sales sind sehr gering: Es ist also ratsam, den Blick über den Branchentellerrand zu werfen und sich von anderen Branchen inspirieren zu lassen. Denken Sie an Tesla:

Hat sich hier ein Automobilhersteller von der Softwareindustrie anregen lassen oder ein Softwareanbieter von der Automobilindustrie?

Dass sich Branchengrenzen zunehmend auflösen[10], zeigt sich schon heute in der Praxis. Die größte Gefahr geht nicht mehr von Wettbewerbern aus, die sehr gut beobachtet werden. Angriffe auf das eigene Geschäftsmodell kommen immer häufiger von unerwarteten Playern. Heute kann ein Zwei-Mann-Laden aus 25-jährigen Programmierern die Geschäftsmodelle gestandener Unternehmen über Nacht auf den Kopf stellen. Denken Sie an bekannte Beispiele wie *airbnb* und *uber*. Oder an Unternehmen, die den Wandel verschlafen haben: *Kodak* und *Nokia* sind in der Bedeutungslosigkeit verschwunden, weil sie die Zeichen der Zeit falsch gedeutet haben. Und wer kann sich noch an den Computerhersteller *Digital Equipment* erinnern, der den Erfolg der PCs massiv unterbewertet und die Auswirkungen auf die eigenen Hochleistungs-Workstations komplett unterschätzt hat?

Nichtstun ist keine Option. Die durchschnittliche Lebensdauer eines Unternehmens ist von 75 auf 15 Jahre gesunken. Der Druck von außen, auch im Maschinenbau und Spezialmaschinenbau, nimmt zu – durch Konkurrenz, Klimaauflagen und die aufstrebende Weltmacht China. Der Ton wird rauer. Die Ärmel sind schon lange hochgekrempelt, die Rempler werden härter und auch die Corona-Pandemie fördert kein positives Investitionsklima. Genau darum ist jetzt ein guter Zeitpunkt, Marketing und Sales zu professionalisieren, um auch dieses Potenzial zu heben. Das ist selbst dann wichtig, wenn neu entwickelte digitale Kundenlösungen das Kerngeschäft des eigenen Unternehmens angreifen. Denn nur so bleibt die Kontrolle im Unternehmen.

Gisbert Rühl, bis 2021 Vorstandsvorsitzender von *Klöckner & CO*, sagte im Zusammenhang mit der neuen E-Commerce-Strategie im B2B-Stahlhandel treffend: „Ich kannibalisiere mein Geschäft, bevor es andere tun.“[11]

Marketing- und Sales-Intelligenz aufsetzen

Der Begriff „Marketing- und Sales-Intelligenz“ bedeutet in diesem Buch nicht nur datengestützte Vertriebsprozesse. Vielmehr geht es um die Frage, wie Maschinenbauunternehmen heute intelligent vermarkten und verkaufen können – und wie sie sich ausrichten sollten, um auch in fünf Jahren noch erfolgreich zu sein.

Marketing unterstützt Unternehmen dabei, bekannter zu werden, Produkte und Dienstleistungen bekannter zu machen und somit indirekt den Verkaufsabsatz und die Kundengewinnung zu fördern. Disziplinen des Marketings sind interne und externe Markenführung (Branding) sowie Kommunikation (Public Relations und Werbung). Es geht darum, die Aufmerksamkeit der Interessenten und Kunden auf die eigene Marke zu lenken, also *Brand Awareness* zu schaffen. In den letzten 20 Jahren hat die Kundenloyalität zu Marken stark abgenommen. Vor allem bei Online-Transaktionen werden selbst langjährige Kunden einer Marke schnell untreu, wenn ihre Customer Experience – das subjektive Kundenerlebnis – enttäuscht wird. Und das geschieht online schon bei Kleinigkeiten.

Markenloyalität gibt es heute fast nicht mehr; vor allem nicht im B2C-Konsumgütergeschäft. Das Internet sorgt für eine Schnelllebigkeit in Wirtschaft und Gesellschaft. Alles muss transparent und in Echtzeit abrufbar sein – sonst springt der Kunde ab. Dieses Verhalten überträgt sich auch zunehmend auf das B2B-Geschäft. Das Marketing im Maschinenbau muss also ebenfalls umdenken. Kunden sind schon informiert oder wollen sich selbst informieren. Sie wollen aber auch zunehmend emotional abgeholt werden, nicht allein über die technischen Qualitätsmerkmale – die der Wettbewerber im Zweifel ebenfalls bietet. Erfolgsentscheidend ist heute die sogenannte Pull-Marketingstrategie (*Inbound Sales*[12]): Technische *und* emotional aufgeladene Inhalte (*Content*) zu Produkten und Service-Lösungen auf unterschiedlichen Kanälen bereitstellen, die den Interessenten dazu veranlassen, von sich aus auf das Unternehmen zuzugehen.

Einen hohen Wert bieten Referenzgeschichten und positive Kundenstimmen zu Produkten. Auch Praxisbeispiele (Use Cases) helfen dem Interessenten, den Wert einer Maschine oder eines Service zu erkennen. Texte sollten auch relevante Keywords enthalten, um besser von den Suchmaschinen gefunden zu werden. Suchmaschinenwerbung (SEA – Search Engine Advertising) ist im Maschinenbau-Sektor nicht zu empfehlen: Eine so wichtige Investition sucht der Einkauf in der Regel nicht über Bannerwerbung auf Google. Hier wäre, wenn überhaupt, Bannerwerbung auf den Seiten relevanter Branchen-Medien ratsamer.

Zunehmend nutzen Unternehmen für ihre Content-Strategie auch andere Formate als Text: Videos oder Podcasts sind sogenannter „*Rich Content*“, der auch auf das Google-Ranking einzahlt. Für die Suchenden sind solche Formate leichter und schneller zu konsumieren. Mit Videokanälen wie YouTube können Unternehmen ihre Reichweite und die Zahl der *Follower* erhöhen. Die Follower-Zahl ist im B2B-Bereich zwar bei weitem nicht so groß wie im B2C-Bereich. Wem es aber gelingt, kontinuierlich relevanten Video-Content zu produzieren, wird in seinem Segment leichter gefunden und hebt sich direkt vom

Wettbewerb ab. Die Relevanz steigt mit der Besucherzahl. Besucher reagieren in sozialen Netzwerken auf die Inhalte und multiplizieren sie. Videos können den Nutzen eines Angebots optimal veranschaulichen und eignen sich hervorragend, Emotionen zu transportieren.

Content Marketing im Omnichannel

Um eine solide Basis für die Bereiche Marketing und Sales zu schaffen, sollten Verantwortliche ihre Kommunikations- und Vertriebskanäle definieren und kontinuierlich bearbeiten. Der holistische Ansatz, also die Nutzung aller relevanter Kanäle (auch *Omnichannel* genannt), bringt den Erfolg, denn: Wenn Kunden über verschiedene Kanäle immer wieder etwas über das Unternehmen hören, sehen, lesen, bleibt die Marke eher in ihren Köpfen verankert, als wenn unterschiedliche Informationen immer über denselben Kanal gespielt werden.

Um potenzielle Kunden mit relevanten Inhalten zu bedienen und einen Sog (*Pull*) zu erzeugen, sollten Marketing- und Vertriebsverantwortliche im Maschinenbau die Segmentierungskriterien[13] sowie die Zielbranchen und -kunden klar definieren. Jeder Marketing- und Sales-Mitarbeiter sollte Klarheit über die *Buyer Personas* haben, die beim Unternehmen kaufen sollen und wollen. Eine *Buyer Persona* ist eine typische Person der Zielgruppe und der Zielrolle, die das Produkt oder die Dienstleistung des Maschinenbauers benötigt und über den Kauf entscheidet. Also beispielsweise der Produktionsleiter der Zerspanung oder der Instandhaltungsleiter Automotive, der die neue Maschine zur Zerspanung mit IIoT sucht.

Neben der Definition der Segmente, Zielgruppen, Personas und Kanäle gibt es noch weitere Erfolgsfaktoren im Vertriebsprozess. Je nach Unternehmen haben diese Faktoren eine andere Gewichtung. Grundsätzlich bestehen sie aus fünf Blöcken, die sich wiederum aus jeweils fünf Kriterien zusammensetzen. Verantwortliche aus Marketing und Vertrieb können diese Faktoren als eine Check-Liste betrachten:

- **Strategie**
  - Ist unser Businessplan zeitgemäß – oder müssen wir ihn an einer Stelle feinjustieren bzw. neu ausrichten?
  - Ist die *Go-to-Market*-Strategie allen Beteiligten aus Marketing und Vertrieb klar?
  - Sind die Verkaufskanäle definiert und allen klar?
  - Welche Produkte haben Priorität im Vertrieb?
  - Ist im CRM der Kundenlebenszyklus abgebildet und aktualisiert?
- **Prozesse**
  - Sind die Vertriebs- und Marketingstrategien in die Kerngeschäftsprozesse integriert?
  - Wie ist die Zusammenarbeit mit dem Partnernetzwerk?
  - Sind Verkaufspläne für Mitarbeiter und ein Account-Plan für Bestandskunden etabliert?
  - Sind die Verkaufsprozesse definiert und allen Beteiligten klar?
  - Funktioniert das Pipeline Management?

- **Mitarbeiter**
  - Sind Marketing und Vertrieb als interdisziplinäres Team miteinander verschmolzen?
  - Werden die Vertriebsmitarbeiter von Kunden als vertrauensvolle, kompetente Ansprechpartner auf Augenhöhe gesehen?
  - Wie ist die Qualität der externen Partner (besser wenige, richtige Partner)?
  - Erhalten die Mitarbeiter Unterstützung bei der Aufbereitung komplexer Angebote und Bids?
  - Sind die Mitarbeiteraufgaben für die bestmögliche Performance verteilt – oder sind Rollenwechsel und Umstellungen notwendig?
- **Verkaufskultur**
  - Gibt es einen gesunden, respektvollen Wettbewerb im Team?
  - Liegt der Fokus auf den Anforderungen der Kunden (*Customer Centricity*), statt auf den eigenen Produkten?
  - Sind die Verkaufskanäle klar und für Kunden leicht nutzbar?
  - Gibt es motivierende Incentive-Systeme für die Vertriebsmitarbeiter?
  - Werden Erfolge mit anderen Abteilungen geteilt und gefeiert und genießt der Vertrieb intern Wertschätzung?

- **Führung**
  - Hat die transparente Kommunikation zum Team Priorität?
  - Gehen die Führungskräfte bei der Strategieumsetzung proaktiv voran (*walk the talk*)?
  - Beteiligen sich die Führungskräfte aktiv im VIP-Kundenmanagement?
  - Herrscht eine Macherkultur und *Hands-On*-Mentalität in den Führungsteams?
  - Gibt es eine transparente Erfolgsmessung für alle Beteiligten?

Verantwortliche sollten sich überlegen, welche dieser Punkte als größte Hebel wirken. Muss das Partnernetzwerk ausgedünnt werden, um effizienter zu sein? Ist das Vertriebsteam nicht ideal besetzt? Fehlen Macher in der Führungsetage? Es ist ratsam, sich auf nicht mehr als drei Faktoren gleichzeitig zu konzentrieren, die implementiert oder optimiert werden sollen. Externe Unterstützung eines darauf spezialisierten Interim Managers kann den Prozess beschleunigen und Kosten einsparen. Erfahrungsgemäß ist eine der ersten Prioritäten oftmals die Effizienzsteigerung im Verkaufsprozess.

Um diese zu verbessern, bietet sich die Etablierung eines Meilenstein-orientierten Sales-Prozesses wie folgt an:

- Prospect (0%)
  - Segmentierung passt
  - Kundensponsor identifiziert
  - Bedarf vorhanden

- Qualifizieren (10%)
  - Sponsor bestätigt compelling event
  - Sponsor bestätigt Kaufabsicht
  - Zugang zu Entscheider verhandelt
- Entwickeln (20%)
  - Entscheider bestätigt compelling event
  - Budget vorhanden
  - Evaluierungsplan vereinbart
- Lösung (40%)
  - Vorläufige Lösung akzeptiert
  - Mündliche Zustimmung
  - Angebot übermittelt
- Beweis (60%)
  - Feedback zu Angebot
  - Verhandlung beendet
  - Mündliche Zusage
- Gewonnen (80%)
  - Vertrag in Unterschriftenprozess
  - Unterschriften erfolgt
  - Auftragseingang
- Geliefert (100%)
  - Produkt / Lösung geliefert
  - Rechnung gestellt
  - Kaufpreis bezahlt

Das Compelling Event

Anstatt den Verkaufsprozess lediglich in die Schritte „Erstkontakt, Zweitkontakt, Angebotsübermittlung, Angebotszusage,

Kaufvertrag, Kaufabschluss“ zu unterteilen, sollte der Vertrieb mehr ins Detail gehen – und den Prozess in die aufgezählten Meilensteine unterteilen. Diese Vorgehensweise ist für Käufer und Verkäufer effektiv, da beide Seiten die Übersicht über den Prozess behalten: Die Anbieterseite kann mit gezielten Fragen die Käuferseite in die Verantwortung nehmen, intern den Kaufprozess in die Wege zu leiten. Der Verkäufer kann die Beantwortung der Käuferfragen einplanen und sicherstellen, dass die Zuarbeit zeitgerecht erfolgt. Gleichzeitig sind beide Seiten vor Überraschungen geschützt, zum Beispiel, dass plötzlich neue Forderungen entstehen.

So kann die Anbieterseite das Closing plangerecht erreichen und behält die Kontrolle über den Sales-Prozess. Der Verkäufer achtet dabei besonders auf Aussagen zu den sogenannten BANT-Themen: B-Budget, A-Authority (Entscheider und Entscheidungsprozess), N-Need (wie wichtig ist das Anliegen der Käuferseite) und T-Time (bis wann muss und will der Käufer kaufen und warum). Aufgabe des Verkäufers ist es, das sogenannte *Compelling Event* der Käuferseite zu erfahren. Ein *Compelling Event*[14] bestimmt die zeitliche und wirtschaftliche Dringlichkeit, eine Investition zu tätigen, um das Geschäftsergebnis signifikant zu verbessern. Also zum Beispiel:

- Ein Werkzeugbauer benötigt im nächsten Quartal eine neue Zerspanungs-Maschine, weil die Auftragslage gestiegen ist und, das Unternehmen zeitnah seine Kapazitäten erhöhen muss.
- Für den Maschinenpark benötigt ein Unternehmen bis zu einem Zeitraum X eine *Predictive-Maintenance*-Lösung, um die Ausfallzeiten zu reduzieren.

Es ist möglich, dass der Verkäufer gemeinsam mit dem Kunden das *Compelling Event* erarbeitet. Wenn die Anbieterseite diese Informationen hat und auch die Käuferseite sich darüber im Klaren ist, wissen beide, ob sie weitere Zeit in die Evaluierung investieren möchten oder nicht. Die BANT-Kriterien und das Ermitteln des *Compelling Events* helfen dabei, den Fokus und die richtige Priorität zu bewahren.

Für zielgerichtete Verkaufsprozesse muss die Anbieterseite mit den Interessenten einen Projektplan zur Evaluierung entwickeln. Das ist für beide Seiten hilfreich, denn: Beide können sich auf die Einhaltung verlassen und darauf berufen, wenn eine Seite davon abweicht. Gibt es kein *Compelling Event* und keinen Evaluierungsplan, entstehen oftmals Missverständnisse – und der Verkaufsprozess zieht sich in die Länge oder kommt nicht zum Abschluss. Gibt es dagegen eine positive Evaluierung, dann ist der nächste wichtige Meilenstein der Closing-Plan. Hierzu wird definiert, was bis zur Auftragserteilung noch alles geschehen muss, und was wer dazu beitragen wird. Durch dieses strukturierte Vorgehen können alle Beteiligten ihre Ressourcen effektiv planen.

Daten-Hygiene: Big Data, Lost Data, Smart Data?

Damit Marketing- und Verkaufsprozesse bestmöglich greifen, ist die Datenintegration, die in der Regel eine Systemintegration der IT-Systeme bedingt, unverzichtbar. Nur, wer direkten Datenzugang hat, kann Interessenten und Kunden ein nahtloses Kundenerlebnis ermöglichen. Daten sind die aktuelle Währung, das „Öl des 21. Jahrhunderts". Je mehr ein Maschinenbauer von seinen Kunden weiß, desto gezielter kann er sie mit passenden Informationen und Angeboten versorgen.

Alles was ein Unternehmen – unter Einhaltung der europäischen Datenschutz-Grundverordnung (DSGVO[15]) – von seinen

Kunden weiß, hilft im *Inbound*-Prozess. Alle IT-Systeme müssen integriert sein, damit die verantwortlichen Mitarbeiter auf die notwendigen Daten zugreifen können. Was immer wieder im Mittelstand vorkommt: CRM-Systeme (Customer Relationship Management), die nicht mit dem ERP (Enterprise Resource Planning) integriert sind. Das ist der erste Medienbruch. Entweder sind nicht alle Kundendaten vorhanden, oder die *Customer Journey* ist nicht nahtlos. Es gehört zur absoluten Basis, die internen Systeme zu integrieren und die Daten zu pflegen und zu aktualisieren.

Daten-Hygiene ist ein weiterer Aspekt: Nur, wenn saubere Daten vorhanden sind, können die Mitarbeiter damit Kundennutzen kreieren (zum Beispiel über individualisierte Angebote und Services). Darum sollte ein Datenqualitätskreislauf sichergestellt sein, in dem die Daten kontinuierlich analysiert, bereinigt, geschützt und überwacht werden. Dann können Daten helfen, digitale Geschäftsmodelle zu entwickeln, den direkten Kundenzugang zu bewahren und neue Wachstumsmärkte zu erschließen. Schon heute bieten Zusatzleistungen wie *Predictive Maintenance* einen vermehrten Kundennutzen. Wer als Maschinenbauer hierbei die Datenhoheit über seine Maschinen- und Kundendaten hat, kann digitale Serviceleistungen anbieten, die sich zu einem eigenständigen Geschäftsmodell weiterentwickeln können – man denke an die Zukunftsszenarien von Deloitte im Eingang dieses Beitrags.

Um die digitale Basis im Marketing zu schaffen, ist Datenintegration ein unumgänglicher Schritt. Dafür sollten Unternehmen Business-Intelligence-Lösungen nutzen, die mit einem *Customer-Relationship*-Managementsystem (CRM) und einem *Content-Management*-System (CMS) integriert sind. Je nach Klickverhalten spielt das CMS dann diejenigen Inhalte aus, die den User auf der Website interessieren. Mithilfe von Analysewerkzeugen kann das Nutzerverhalten untersucht werden: Wie viele neue Besucher kommen auf die Website? Wie viele kommen regelmäßig wieder? Wie groß ist die Verweildauer auf den einzelnen Seiten? Wie viele Konversionen gibt es? Eine Konversion könnte zum Beispiel darin bestehen, dass sich ein Besucher ein Whitepaper „zum Einsatz der selbst optimierenden Maschine des Werkzeugeinsatzes bei der Titanverarbeitung" herunterlädt.

Oder, dass er einen Termin mit einem Verkäufer ausmacht, um über eine digitale Service-Lösung zu sprechen. Anders ausgedrückt: Mithilfe integrierter Systeme und einem strategischem Content Marketing sind Unternehmen in der Lage, das individuelle Nutzerverhalten so auszuwerten, dass sie mit Zieltechnologien (*Targeting*), dem Kunden neuartige Inhalte anbieten. Inhalte, über die er noch nicht nachgedacht hat – getreu dem Motto: Denn er weiß ja nicht, was er nicht weiß. Ein Unternehmen, dass Targeting perfektioniert hat, ist Amazon. Ein Algorithmus analysiert die Wahrscheinlichkeit des nächsten Kaufes – und stellt Waren zum Versand bereit, noch bevor der Kunde überhaupt bestellt hat.

Conversational Commerce

Ein weiterer großer Trend im E-Commerce ist der sogenannte *Conversational Commerce*[16]. Dieser Begriff fasst die digitale und automatische Interaktion mit Kunden zusammen. Dazu gehören unter anderem Chatbots, digitale Assistenten, oder multimodale Suchfunktionen im Onlineshop. Die Informationsübermittlung über soziale Medien und Mobile Apps nimmt stetig zu – und wird auch vor dem B2B-Bereich nicht Halt machen. Auch Maschinenbauunternehmen sollten diesen Trend beobachten und – je nach digitalem Reifegrad – für sich nutzen.

Denn: *Conversational Commerce* kreiert verbesserte interaktive Nutzererlebnisse.

Wer Mobile oder Web-Apps mit Produktkatalogen entwickelt oder mit der Maschine vernetzt, kann das Einkaufserlebnis um eine Ebene erweitern. Beispielsweise können App- oder Website-Nutzer angeben, wie hoch die Maschinenauslastung und Betriebszeiten sind. Ein Chatbot in der App (oder auf der Website) kann dann Empfehlungen abgeben, wann es Zeit für einen Wartungsservice ist, oder wann ein Ersatzteil nachbestellt werden sollte. Der Nutzer kann auch Feedback geben und die Einstellungen verfeinern. Die Kunden werden somit direkter in den Kaufprozess eingebunden. Die Anbieterseite erhält entsprechende Daten zum Nutzerverhalten und kann ihre Angebote verbessern. Mit *Conversational Commerce* können Unternehmen ihren Kunden also ein digitales Tool zur Hand geben, dass die Interaktion verbessert, einen spürbaren Mehrwert bietet – und den *unique selling point* (USP) am Markt untermauert.

Communities bilden

Ein weiterer sehr wirksamer Kanal, um die Kundenanforderungen zu analysieren, ist eine eigene Anwender-Community: Die Nutzer der Maschinen tauschen sich in einem Forum oder in einem eigenen geschlossenen sozialen Netzwerk untereinander aus und liefern Input, was der Anbieter an seinen Maschinen verbessern könnte. Nachfolgend ein Beispiel aus der Interim-Management-Praxis des Autors:

Ein Maschinenbauunternehmen im Bereich Zerspanung hatte begonnen, eine Anwender-Community aufzubauen. Die Mitglieder erhielten Zugang zu exklusiven Informationen, wie zum

Beispiel zu neuen Produkten, die kurz vor dem Release standen. Sie wurden bei Bestellungen bevorzugt behandelt und hatten Zugang zu Experten, die in schwierigen Fällen als Anwendungsberater zur Verfügung standen, zum Beispiel bei erhöhtem Werkzeugverschleiß. In dieser Community wurden bald interessante Fakten geteilt und die Mitglieder begannen, sich gegenseitig zu helfen.

Aus einer Diskussion über Wartung und Pflege entstand die Idee, ein Diagnosegerät zum Zustand der Werkstücke zu bauen, das automatisch die Qualität der Endprodukte analysierte und sukzessive Informationen über Einstellungen und Programmierung der Maschine sowie der Werkzeugnutzung sammelte. Daraus leitete zunächst der Maschinenhersteller Tipps und Tricks für seine Kunden ab. Das brachte ihm in seiner Service-Orientierung eine Imagesteigerung und eine signifikante Verbesserung der Kundenzufriedenheit ein. Mit steigender Datenmenge wurde es möglich, mit einfachen KI-Algorithmen (Künstliche Intelligenz) Anwenderhinweise für den Maschinenbediener zu generieren, die die Qualität der Werkstücke verbesserte, den Ausschuss und die Abnutzung der Werkzeuge reduzierte. Das Diagnosegerät kann heute im Online-Shop gekauft und über den Service mit kundenspezifischen Messungen ergänzt werden.

Customer Centricity und Emotionen

Dieses Beispiel zeigt: Der Perspektivwechsel von der Produktorientierung hin zu Kundenorientierung gelingt auch im B2B-Bereich über Kollaboration und Einbeziehung der Kunden in den Entwicklungsprozess. Gemeinschaft erzeugt positive Emotionen. Und jeder Käufer, selbst der rationalste, trifft unterbewusst eine emotionale Entscheidung, während die rationalen

Kaufargumente im Bewusstsein sind. Das Beispiel mit der Anwender-Community erzählt eine Geschichte, die den neuen Service emotionaler darstellt – und auch für andere potenzielle Käufer interessant macht. Für die Anbieterseite gilt es also, ihre Angebote mit einer Geschichte zu verbinden – und mit den Unternehmenswerten.

Ist die Maschine umweltfreundlich? Werden verwendete Rohstoffe durch Umweltinitiativen ausgeglichen? Ist das Produkt in einem praxiserprobten Kollaborationsprojekt unterschiedlicher Akteure entstanden? Können Sensoren in der Maschine die Stimmung und das Konzentrationsniveau des Maschinenbedieners lesen und somit Arbeitsunfällen vorbeugen? Es gibt unterschiedlichste Ansatzpunkte für die Emotionalisierung einer Maschine. Das Gesamtbild des Unternehmensauftritts, die Website-Inhalte (zum Beispiel User Storys) tragen ebenfalls zu der Geschichte bei.

Ein weiteres Beispiel: Der Industriezulieferer Continental arbeitet gemeinsam mit Landmaschinenherstellern an sogenannten *Smart-Farming*-Lösungen. Autonom fahrende, mit Sensoren bestückte Landmaschinen sorgen für eine effizientere und umweltschonendere Ernte. Drohnen liefern Daten zur Höhe und zum Zustand der Pflanzen und Böden, Roboter im Flottenverband ernten die Pflanzen, pflügen den Acker, reichern den Boden mit Mineralien an oder werden zum präzisen Unkrautjäten eingesetzt.[17] Das Projekt an sich ist schon spektakulär: Natürlich kommuniziert Continental dieses Projekt auch in unterschiedlichen Kanälen, Beiträgen und Videos. Das Unternehmen erzählt eine Geschichte damit und weckt somit Emotionen und das Interesse potenzieller Kunden.

Den Faktor Mensch bewahren

Und genau das ist im B2B-Vertrieb wichtig: Durch die Emotionalisierung und das Erzählen solcher Geschichten bringen Unternehmen mehr Menschlichkeit in ihr Angebot. Und den Faktor Mensch sollten sich Unternehmen in unserer zunehmend technologisierten Welt bewahren. Der Ausbau des Onlinegeschäfts im Maschinenbau bildet zwar die Grundlage. Aber ein schneller Zugang zu einem Berater muss ebenfalls gegeben sein. Der Web-Shop sollte einfach strukturiert und die Nutzung angenehm und intuitiv sein – und gleichzeitig sollten Besucher auch sehen: Berater sind jederzeit per Video verfügbar. Für komplexe Beratungen können Termine online angefragt werden. Auf Wunsch kommt der Kundenberater zum Kunden, was bei der Komplexität der Produkte für die punktgenaue und schnelle Beantwortung der Fragen sorgt.

Sehr häufig ist das menschliche Produkt- und Anwendungswissen gefragt, um eine Maschine zu konfigurieren oder eine Anlage zu planen. Je komplexer das Endprodukt ist, desto wichtiger wird die menschliche Interaktion. Zwar gibt es bereits Online-Konfiguratoren, die die Zusammenstellung einer individuellen Maschine oder eines Apparates ermöglichen. Gerade bei individuellen Konstruktionen, die mit aufwändigen CAD-Zeichnungen erfolgen, ist der Mensch aber (noch) notwendig. Bei Serien- und für den Kunden angepassten Maschinen ist die Konfiguration des Endproduktes elektronisch möglich – inklusive der Auflösung der Stücklisten und der Preisermittlung. Softwarehäuser, die solche Produkt-Konfiguratoren anbieten, machen die Erfahrung, dass häufig eine menschliche Bestätigung der richtigen Konfiguration gewünscht ist, um die eigene Unsicherheit zu überwinden. Oftmals wird erst einmal ein

Entwicklungsauftrag erteilt. Ist der Kunde mit dem Resultat zufrieden, erteilt er den Herstellungsauftrag.

Viele Maschinen oder gar ganze Maschinenparks können heute als „Digitaler Zwilling“ abgebildet werden. So kann die Kundenseite die Maschine erst einmal in der digitalen Welt testen, bevor sie sich für den Kauf entscheidet. Auch können beide Seiten sich mit einer Virtual-Reality-Brille in der digitalen Umgebung aufhalten und der Verkäufer kann dem Interessenten die Bedienbarkeit der Maschine erklären. Gerade zu Corona-Zeiten können Verkäufer mit *Augmented Reality* oder *Virtual Reality* (AR und VR) ein Verkaufsgespräch remote anreichern und der Käuferseite über die Entfernung zeigen, wie die Maschine in verschiedenen Anwendungsszenarien funktioniert. Fernwartung und Fehlersuche wird heute z.T. bereits mit diesen Technologien durchgeführt. IIoT ermöglicht präventive Wartung und Datenauswertung, um beispielsweise den Verschleiß an einer Maschine und den Werkzeugen zu reduzieren.

Wichtig ist auch hier, möglichst früh im Verkaufsprozess eine persönliche Beratung anzubieten. Der Interessent weiß nicht, was er nicht weiß. Der erfahrene Verkäufer kennt die verschiedenen Anwendungsszenarien und stellt die richtigen Fragen. Sehr häufig tritt der eigentliche Bedarf der Käuferseite erst bei einem Beratungsgespräch zutage. Diesen Mehrwert im Verkaufsprozess können bisher nur wenige Systeme wahrnehmen – auch wenn sich das in Zukunft bestimmt ändern kann. Momentan gilt nach wie vor: Menschliches Vertrauen aufzubauen ist ein essenzieller Bestandteil im Verkaufsprozess. Ohne Vertrauen wird es auch online nicht funktionieren. Weder beim Verkauf von Maschinen und Anlagen noch bei der Nutzung innovativer Services, die mit der gekauften Maschine kommen. „Auch das macht deutlich, dass der Megatrend Konnektivität im Kern weniger auf technologischen Novitäten beruht als auf sozialen Resonanzen“ (Zukunfts-Institut: Megatrend Konnektivität). Wir werden zwar dem Algorithmus viel übergeben, dennoch wird die menschliche Komponente in einer Geschäftsbeziehung wichtig bleiben.

Ansätze für ein erfolgreiches Transformationsmanagement

Marketing und Sales digitaler auszurichten ist eine Transformation. Und Transformation bedeutet oftmals eine drastische Veränderung.

Aus Führungssicht sollte Transformation aber vor allem eine große Chance sein, das Unternehmen voranzubringen. Wie jede Art des Wandels ist auch eine Transformation kein Spaziergang, sondern eine Abenteuerreise mit unbekannten Gefahren und Hindernissen – aber eben auch mit großen Wachstumschancen und Verbesserungsaussichten der Marktposition. Starke Führungspersönlichkeiten betreiben ohnehin täglich *Transformation as usual*, weil sie das Unternehmen mitgestalten. Verantwortliche im Maschinenbau sollten den digitalen Wandel also trotz aller Ernsthaftigkeit sportlich nehmen und Spaß an den Herausforderungen haben. Denn: Sie sind Teil einer spannenden und richtungsweisenden Veränderung in ihrer Organisation.

Der Führung kommt im Transformationsprozess eine besondere Aufgabe zuteil. Es gilt, die Mitarbeitenden mitzunehmen und auch in Phasen der Unklarheit und Unsicherheit den Kurs im Auge zu behalten, das operative Tagesgeschäft weiterzuführen und gleichzeitig die Weichen zu stellen für den Weg Richtung Neuland. Eine Transformation ist eine Doppelbelastung für alle Beteiligten. Sie erfordert einen experimentierfreudigen, transformativen und partizipativen Führungsstil, agile Arbeitsformen, Krisenerfahrung und Resilienz. Es gilt, ein Zielbild zu erarbeiten und in das Unternehmen zu tragen, um gemeinsam mit der Belegschaft den Wandel gestalten und ihm eine Bedeutung geben zu können. Folgende zehn Faktoren sind bei der Transformation[18] erfolgsentscheidend:

1. Das Führungsteam einschwören

Wandel ist mit Phasen der Unsicherheit verbunden und kann für Verantwortliche auch ein Gefühl des Kontrollverlusts hervorrufen. Das alte, sichere Führungsterritorium verändert sich, Verantwortungsbereiche verschieben sich und werden neu sortiert. Das kann für Führungspersönlichkeiten schmerzhaft sein.

Darüber sollte die Geschäftsführung transparent mit ihren Führungsteams sprechen und klarstellen: Hier geht es um den Erfolg der Organisation. Individuelle Interessen Einzelner müssen sich dem Interesse des Unternehmens unterordnen. Bei einer Transformation müssen Sie als Führungskraft danach handeln, was das Beste für das Unternehmen ist. Hilfreich ist hierbei, sich in Workshops mental in die nahe Unternehmenszukunft zu begeben. Wer in die Zukunft denkt, kommt innerlich direkt in der „neuen Welt“ an und hat einen ganz anderen *Sense of Urgency.*

2. Veränderungsbereitschaft

Ohne Mitarbeiterengagement keine Transformation! Es ist Aufgabe der Führung, den Reifegrad der Transformationsfähigkeit ihrer Teams festzustellen.

Die Teams können sich nach dem von Frederic Laloux (2014) weiterentwickelten Graves-Modell in unterschiedlichen Mindset-Stadien befinden. Leadership bedeutet in diesem Zusammenhang also zu erkennen: Wo stehen die Mitarbeiter? Wie erreichen und wie befähigen wir sie für das Transformationsvorhaben? Und wie sollten wir sie abholen, damit auch sie mental in die Zukunft denken und das Gespür der Veränderungsnotwendigkeit entwickeln?

3. Qualifizieren

Mitarbeiterbefähigung ist ein essenzieller Bestandteil im Transformationsprozess. Die Herausforderung des Leadership ist es, zu identifizieren:

- welche Skills in den Teams vorhanden sind,
- welche Skills benötigt werden,
- wann der passende Zeitpunkt ist, nötige Qualifizierungen durchzuführen.

Eine Transformation ist eine Doppelbelastung. Darum ist es oftmals schwierig, Mitarbeiter zusätzlich in Trainings und Weiterbildungen zu schicken. Idealerweise haben die Verantwortlichen die notwendigen Skills *vor* dem Transformations-Kick-Off identifiziert und können die Beschäftigten schon in der Vorbereitungsphase auf den Umbruchprozess für die nötigen Skills befähigen. Manchmal kommen notwendige Kompetenzen aber auch erst im Laufe der Transformation zum Vorschein.

4. Transparente Kommunikation

Die Verantwortlichen und die interne Kommunikationsabteilung müssen über den gesamten Zeitraum des Wandels kommunizieren. So geben sie ihm eine Bedeutung und können alle Mitarbeiter in die Kommunikation einbeziehen. Dann fällt niemand zurück in alte Verhaltensmuster. Vor allem die Führungskräfte sollten sich während des Transformationsprozesses als Ansprechpartner auf Augenhöhe anbieten. Leadership in der Transformation bedeutet, in den Dialog zu treten: Coffee Breaks, „Meet the Chief"-Runden oder ähnliche Formate sorgen für emotionale Nähe mit den Mitarbeitern – und stärken die Bereitschaft zur Veränderung.

5. Die Doppelbelastung annehmen

Die Transition von Alt nach Neu stellt eine Doppelbelastung dar. Das gehört dazu und ist wichtig. Neue Themen müssen erst einmal erarbeitet werden, während alte Potenziale noch ausgeschöpft werden können. Es ist Aufgabe der Führungskräfte, die Wichtigkeit dieser phasenweisen Beidhändigkeit zu kommunizieren.

Dabei sollte nicht die Mehrbelastung im Fokus stehen, sondern das Ziel. Für das Leadership ist also entscheidend, gemeinsam mit allen Beteiligten das „Ende des Tunnels" anzuvisieren – und dem Ziel wie eine Rudermannschaft Schlag für Schlag näherzukommen.

6. Widerstände erkennen

Widerstände gehören zum Wandel dazu. Die Herausforderung ist, sie rechtzeitig zu erkennen oder ihnen präventiv zu begegnen. Dazu sollten Verantwortliche verstehen, warum sich manche Menschen dem Wandel widersetzen. All diesen Widerständen können Verantwortliche mit transparenter Kommunikation entgegenwirken.

Dabei sollten sie die Zweifel und die Ängste der Beschäftigten ernst nehmen und ihnen zur Verfügung stehen, um sie aus dem Weg zu räumen. Wer die Betroffenen zu Beteiligten macht, versteht auch schnell die Hintergründe potenzieller Widerstände – und kann sie gemeinsam beheben.

7. Change-Agents identifizieren

Neben Widerständen gibt es immer von Anfang an eine Anzahl an Mitarbeitern, die den Veränderungskurs aktiv mitgehen, und die mit ihrer Begeisterung und ihrem Elan auch andere Kolleginnen und Kollegen anstecken. Je früher Verantwortliche diese Change-Agents identifiziert haben, desto eher können sie sie aktiv einsetzen. Denn sie sind wahre Transformationsmultiplikatoren und Change-Ansprechpartner für die anderen. Sie sind interne Influencer, die während des Transformationsprozesses eine Art soziale Leadership-Funktion im Team innehaben. Sie sind eine Schnittstelle zwischen Führungsetage und Shopfloor-Ebene – unterstützen das Führungsteam und verstärken es in der Basis.

8. Customer Centricity

Um in Zukunft als Unternehmen einen sichtbaren und spürbaren Mehrwert für die Kundenseite zu bieten, sollten Verantwortliche den gesamten Transformationsprozess unter einer kundenzentrierten Ausrichtung gestalten. Das bedeutet, Kundenthemen, Trends, Herausforderungen und Gewinnchancen der Kunden zu kennen und in die Organisationsveränderung einzubinden.

9. Eine vielfältige Lernkultur etablieren

Leadership in der Transformation bedeutet Verantwortung für viele. Je vielfältiger die Perspektiven, desto vielseitiger die Problembeleuchtung – und desto kreativer die Ansätze. Es ist wichtig, eine Kultur zu etablieren, in der sich niemand für eine Entscheidung rechtfertigen muss. Hier dürfen unterschiedliche Meinungen ausgefochten werden, weil die auf Respekt und Wertschätzung basierende Kultur dies ermöglicht. Fehler werden überall gemacht. Sie *nicht* auszusprechen, ist die wahre Gefahr.

10: Datenintegration und cross-industrieller Benchmark

Um die Veränderungsfähigkeit der Organisation messen und analysieren zu können, ist es notwendig, Zugriff auf die richtigen Daten zu haben. Dabei geht es vor allem um die internen Unternehmensdaten zu Prozessen, Abläufen, Performance und Produktivität. Darüber hinaus ist es auch hilfreich, sich erfolgreiche Transformationen aus anderen Branchen anzuschauen – und mit den Unternehmen in den Dialog zu treten. Dadurch erhalten Verantwortliche Benchmark-Daten, die sie auf die eigene Organisation anwenden können.

Resümee: die digitale Basis schaffen

Als Interim Manager für digitale Geschäftsentwicklung kann ich Maschinenbauunternehmen nur raten: Machen Sie heute ihre digitalen Hausaufgaben, damit Sie die Basis schaffen für die weiteren Digitalisierungsschritte von morgen. Die Digitalisierung hat erst begonnen. Integrieren Sie ihre Daten und Systeme. Schaffen Sie nahtlose Prozesse im Unternehmen. Implementieren Sie die Basistechnologien für Marketing und Sales. CRM, Content Management, Analytics, Targeting, Marketingautomation, automatische Mediaplanung, Communities und E-Commerce. Wenn diese Basis geschaffen ist, fällt es Ihnen viel leichter, digitale Service-Lösungen zu entwickeln, weil sie eine solide Datengrundlage haben und weil Ihre Beschäftigten wissen, was Ihre Kunden wollen – und die Kunden unmittelbar in den Entwicklungsprozess eingebunden sind.

Literaturverzeichnis zu diesem Beitrag

zukunftsInstitut, Megatrends Dokumentation
https://www2.deloitte.com/de/de/pages/energy-and-resources/articles/maschinenbau-2030.html

Gartner Says 80% of B2B Sales Interactions Between Suppliers and Buyers will Occur in Digital Channels by 2025
https://www2.deloitte.com/de/de/pages/energy-and-resources/articles/maschinenbau-2030.html

Digital Machinery Decoded, Porsche Consulting
https://www.porsche-consulting.com/fileadmin/docs/02_Erfolge/erfolgsgeschichten_leistungsangebot/files/de/Porsche_Consulting_Digital_Machinery_Decoded.pdf

Service is the new sales, Accenture Interactive
https://www.accenture.com/_acnmedia/PDF-108/Accenture-Service-Is-The-New-Sales.pdf

Neue Wirtschaftsordnung: Branchengrenzen lösen sich auf, Mega-Cluster entstehen, chemie.de
https://www.chemie.de/news/1156260/neue-wirtschaftsordnung-branchengrenzen-loesen-sich-auf-mega-cluster-entstehen.html

Gisbert Rühl, Xing

https://www.xing.com/news/klartext/ich-kannibalisiere-mein-geschaft-bevor-andere-es-tun-1329)

Was versteht man unter Inbound Sales, divia

https://www.divia.de/blog/was-versteht-man-unter-inbound-sales

Beispiele und Kriterien für die Einteilung von Märkten und Kunden, business-wissen.de
https://www.business-wissen.de/artikel/marktsegmentierung-beispiele-und-kriterien-fuer-die-einteilung-von-maerkten-und-kunden/

Daily Sales Tips, Using Compelling Events to Close Deals
https://top1.fm/DailySalesTips/sales-tip-675-using-compelling-events-to-close-deals/

EU-Datenschutz-Grundverordnung (EU-DSGVO)
https://www.datenschutz-grundverordnung.eu

Was bedeutet Conversational Commerce, messengerpeople by sinch
https://www.messengerpeople.com/de/was-bedeutet-conversational-commerce/

Continental nimmt Agrargeschäft weiter in den Fokus und setzt Schwerpunkt auf Smart Farming, Continental Pressemeldeung 19. August 2019
https://www.continental.com/de/presse/pressemitteilungen/smart-farming/

Transformation und Leadership, Peter Kuhle und Eckhart Hilgenstock
https://hilgenstock-hamburg.de/wp-content/uploads/2021/11/Transformation-und-Leadership-neu.pdf

Die Herausgeber

Die Herausgeber Jürgen Becker und Dr. Harald Schönfeld gelten als langjährige Insider und gut vernetzte Szene-Kenner im Markt für Interim Management der DACH-Region (Deutschland, Österreich, Schweiz). Beide verfügen über jeweils rund 20 Jahre Erfahrung im Interim-Geschäft. Beide waren mehrere Jahre Vorstandsmitglieder des AIMP (Arbeitskreis Interim Management Provider (https://www.aimp.de/), sind Buchautoren, Moderatoren und gesuchte Redner bei Fachtagungen und Schulungen zum Thema Interim Management. Jürgen Becker war zudem Co-Autor der jährlichen renommierten AIMP-Providerstudie (Von den Anfängen 2005 bis zum Jahr 2017). https://www.aimp.de/aimp-umfragen/aktuelle-aimp-umfragen

Sie sind die Gründer (2017) und Geschäftsführer der Unitd Interim GmbH (https://www.unitedinterim.com/), der führenden Online-Plattform für Interim Management in der DACH-Region.

United Interim ist der einzige Anbieter im Interim-Business mit Services für Unternehmen, Interim Manager, Interim-Provider sowie ausgewählte Drittanbieter, die Leistungen für Interim Manager anbieten. Als Business-Ökosystem hebt diese digitale „4-sided-platform“ in offener und nicht proprietärer Weise bislang ungenutzte Synergien im Markt.

Autorenverzeichnis

Dr. Harald Schönfeld

Jürgen Becker

Eckhart Hilgenstock

Dr. Harald Schönfeld

Dr. Harald Schönfeld, Diplom-Volkswirt, Universität Trier. Post-Graduate Zusatzstudium „Innovationsmanagement", Technische Universität Berlin. Promotion in Wirtschafts- und Sozialwissenschaften (Dr.rer.soc. oec.), Wirtschaftsuniversität Wien.

Nach dem Studium Karriere als angestellter Manager: Positionen im Marketing und Vertrieb, vor allem in großen, international tätigen Konzernen, insbesondere im Health Care-Bereich.

Seit 2003 im Interim Management-Business tätig. Co-Gründer und Co-Geschäftsführer der United Interim GmbH (www. unitedinterim.com), dem ersten digitalen Branchen-Ökosystem. Zudem führt er als Gründer und Geschäftsführender Gesellschafter die butterflymanager GmbH (www. butterflymanager.com), einen klassischen Provider mit nationalen und internationalen Interim Management-Projekten: Besetzung von C-Level Positionen, erste und zweite Führungsebene und Projektleitungen. Parallel hat er sich acht Jahre in der Branche als Stellvertretender Vorsitzender der Branchenvereinigung AIMP (Arbeitskreis Interim Management Provider) in Deutschland, der Schweiz und Österreich engagiert.

Dr. Harald Schönfeld hält Vorträge, unter anderem als Keynote-Speaker, leitet Fachkonferenzen und ist Autor und Herausgeber mehrerer Fachbücher im Bereich Interim Management, unter anderem des Standardwerkes „Karriere-Handbuch für Interim Manager“ (zusammen mit Prof. Dr. Günther Singer und Jürgen Becker).

Ebenfalls ist er Herausgeber (zusammen mit Jürgen Becker) der Fachbuchreihe „Von Interim Managern lernen“. Er ist aktives Mitglied und Autor im globalen Think Tank Diplomatic Coucil (DC) mit Beraterstatus bei den Vereinten Nationen (UNO). Seit 2022 ist er Dozent für Interim Management an der Steinbeis Augsburg Business School.

Jürgen Becker

Co-Gründer und Co-Geschäftsführer der United Interim GmbH.

Zudem ist er Eigentümer des Interim Management Providers Manatnet (www.manatnet.com) – mit dem Schwerpunkt bei Digitalisierungsthemen mittelständischer Unternehmen.

Davor Erfahrungen als internationaler Banker in Berlin, Frankfurt und London sowie als Internet-Spezialist seit 1995 bei Burda Medien sowie debis Systemhaus und Accenture.

Eckhart Hilgenstock

Eckhart Hilgenstock ist Interim Executive (EBS), Interim Manager des Jahres 2012 (AIMP), Top Interim Manager im *Manager Magazin* 10/2021 und in *Capital* 01/2022 (Beilage).

Seine Kunden schätzen den Wert, den er durch profitables Wachstum und B2B-Digitalisierung mit den Kundenteams gemeinsam schafft. Häufig sind dies Marketing-, Business Development- und Verkaufsmandate.

Der neutrale Blick und die Impulse von außen fördern neue Lösungen. Schnell. Das Licht am Ende des Tunnels wird sichtbar. Sein Angebot:

- Verkauf effizienter gestalten, Auftragseingang steigern und Kundenerlebnis verbessern.
- Digitale Transformation leiten und Mitarbeiter zur Veränderung und zum Erfolg führen.
- Komplexe Projekte erfolgreich gestalten sowie Prozesse und Business Rhythmus strukturieren.

Arbeitsweise:

- Er rückt den Kunden ins Zentrum seines Denkens
- Er bringt Struktur ins digitale Geschäft und erzielt dadurch schnell Ergebnisse.

- Qualität und transparente Kommunikation zeichnen ihn aus.
- Er kommt, um zu gehen: „Entwickle Nachhaltigkeit und fördere Selbständigkeit!“
- Er handelt ehrlich, fair und vermeidet Überraschungen.
- Der Mensch steht für ihn im Vordergrund. Wenn der/die Mitarbeiter:in sich wohlfühlt, dann ruft er/sie mit Freude die beste Leistung ab. Und liefert außergewöhnliche Ergebnisse!

Kontakt:

Eckhart Hilgenstock
Meisenweg 27
22926 Ahrensburg

Email: heh@hilgenstock-hamburg.de
Phone: +49 4102 498 999 0
Mobil: +49 176 103 209 28
Web: www.hilgenstock-hamburg.de

Bücher im DC Verlag

Denken 4.0 – Welt im Umbruch. Was die klügsten Köpfe eines globalen Think Tank über unsere Zukunft denken. Buddhi K. Athauda, Thi Thai Hang Nguyen, Andreas M. Dripke, 332 Seiten, Hardcover, ISBN: 978-3-947818-00-6

Mein Atomknopf ist größer – America vs. North Korea, Jamal Qaiser, 184 Seiten, Paperback, ISBN: 978-3-947818-01-3

Stasi 2.0 – Wie wir durch den staatlich-industriellen Digitalkomplex zu gläsernen Bürgern werden und was das für unsere Zukunft bedeutet, Andreas Dripke, Markus Miksch, 444 Seiten, Paperback, ISBN: 978-3-947818-05-1

Rechtsruck – Wie das Wiedererstarken des Nationalismus Deutschland in die Katastrophe führt, Anonyme Autoren, 660 Seiten, Paperback, ISBN: 978-3-947818-06-8

Pandemie – Die Welt im Corona-Krieg, Andreas Dripke, Markus Miksch, 148 Seiten, Paperback, ISBN: 978-3-947818-13-6

Covid-19 Falsche Pandemie – Die fatalen Fehler der WHO und ihre verhängnisvollen Folgen, Jamal Qaiser, Markus Miksch, 234 Seiten, Paperback, ISBN: 978-3-947818-15-0

75 Jahre UNO – Macht und Ohnmacht der Vereinten Nationen, Andreas Dripke, Hang Nguyen, 336 Seiten, Paperback, ISBN: 978-3-947818-07-5

Die Dekade 2020-2030 – Das kommt auf uns zu!, Andreas Dripke, Hang Nguyen, 360 Seiten, Paperback, ISBN: 978-3-947818-17-4

Corona und Impfen, Andreas Dripke et al., 188 Seiten, Paperback, ISBN 978-3-947818-18-1

Hacker – Angriff auf unsere Computer-Zivilisation, Anonyme Autoren, 432 Seiten, ISBN 978-3-947818-23-5

Migration nach Europa – Wir schaffen das und die Folgen, Anonyme Autoren, 510 Seiten, Paperback, ISBN 978-3-947818-32-7

Auto – Vom Diesel-Desaster bis zum selbstfahrenden E-Auto, Autorengemeinschaft Diplomatic Council, 572 Seiten, Paperback, ISBN 978-3-947818-09-9

Digitale Disruption – Alles wird anders, Andreas Dripke et al., 216 Seiten, Paperback, ISBN 978-3-947818-34-1

Interim Manager berichten aus der Praxis: Automotive, Reihe „Von Interim Managern lernen", Jürgen Becker, Ulf Camehn, Ludek Cermak, Hanno Goffin, Ralf-Peter Hanrieder, Dr. Dr. Stefan Hohberger, Andreas Kälber, Dr. Gerhard Müller-Spanka, Frank P. Neuhaus, Christine Pfisterer, Christian Ritzer, Dr. Harald Schönfeld, Jane Enny van Lambalgen, 400 Seiten, Paperback, ISBN 978-3-947818-29-7

Alles über Künstliche Intelligenz – Woher sie kommt, wie sie denkt, wohin sie führt, Dr. Horst Walther, Andreas Dripke, 212 Seiten, Paperback, ISBN 978-3-947818-25-9

Die biometrische Vermessung der Menschheit, Andreas Dripke et al., 212 Seiten, Paperback, ISBN 978-3-947818-39-6

Inside WHO – Dr. Tedros und die Weltgesundheitsorganisation, Andreas Dripke et al., 124 Seiten, Paperback, ISBN 978-3-947818-27-3

Welt ohne Bargeld – Bitcoin und andere Kryptowährungen, Andreas Dripke, Stephanie Stoerk, 178 Seiten, Paperback, ISBN 978-3-947818-41-9

Apple Car – Wie der iKonzern das Auto neu erfindet, Andreas Dripke et al., 296 Seiten, Paperback, ISBN 978-3-94-7818-43-3

Europa am Scheideweg – Was Europa tun muss, um seine Zukunft zu retten, Andreas Dripke, Hang Nguyen, Dr. Horst Walther, Paperback, ISBN 978-3-947818-65-5

Hilfe, wir werden gechippt! – Vom Mikrochip unter der Haut bis zum Hirnschrittmacher, Andreas Dripke et al., 176 Seiten, Paperback, ISBN 978-3-947818-55 -6

Denken 5.0 – Was die klügsten Köpfe eines globalen Think Tank über unsere Zukunft denken; Andreas Dripke, Claude Piel, Detlef Schmuck, Dr. Harald Schönfeld, Helmut von Siedmogrodzki, Stephanie Stoerk, Dr. Horst Walther;
292 Seiten, Paperback, ISBN 978-3-94-7818-36-5

Cyber War – Die digitale Bedrohung, Marc Ruberg et al., 244 Seiten, Paperback, ISBN 978-3-947818-45-7

Digitale Identität, Andreas Dripke et al., 164 Seiten, Paperback, ISBN 978-3-947818-53-2

2045 – Das Jahr, in dem die Künstliche Intelligenz schlauer wird als der Mensch, Dr. Horst Walther, Andreas Dripke, 106 Seiten, Paperback, ISBN 978-3-947818-57-0

Ewige Pandemie – Freiheit ade, Andreas Dripke, Markus Miksch, 208 Seiten, Paperback, ISBN 978-3-947818-59-4

Apple Agenda – Welche Märkte der iKonzern künftig revolutionieren wird, Andreas Dripke et al., 260 Seiten, Paperback, ISBN 978-3-947818-47-1

Der digitale Euro – Computergeld statt Bares, Andreas Dripke, Stephanie Stoerk, 232 Seiten, Paperback, ISBN 978-3-947818-53-2

China : USA – Der Wettkampf um die Weltspitze, Dr. Horst Walther et al., ca. 216 Seiten, Paperback, ISBN 978-3-947818-63-1

Auto ohne Lenkrad – Das selbstfahrende Auto steht vor der Tür, Patrick Dripke, Thomas Gronenthal, 140 Seiten, Paperback, ISBN 978-3-947818-79-2

Roboter im Alltag – Maschinen (beinahe) wie Menschen, Andreas Dripke, 176 Seiten, Paperback, ISBN 978-3-947818-71-6

Irrfahrt E-Auto – Abgesang auf die deutsche Autoindustrie, Thomas Gronenthal et al., 212 Seiten, Paperback, ISBN 978-3-947818-81-5

Was nach dem Smartphone kommt – Eine Reise in unsere digitale Zukunft, Andreas Dripke et al., 152 Seiten, Paperback, ISBN 978-3-947818-69-3

Das Diesel-Desaster – Die Geschichte des größten deutschen Industrieskandals, Thomas Gronenthal et al., 340 Seiten, Paperback, ISBN 978-3-947818-83-9

Der Dritte Weltkrieg – Das Undenkbare denken, Hang Nguyen, Jamal Qaiser, 268 Seiten, Paperback, ISBN 978-3-947818-67-9

Metaverse – Was es ist, wie es funktioniert, wann es kommt, Andreas Dripke, Marc Ruberg, Detlef Schmuck, 256 Seiten, Paperback, ISBN 978-3-947818-87-7

Klimakatastrophe – Wahn oder Wirklichkeit, Hang Nguyen et al., 184 Seiten, Paperback, ISBN 978-3-947818-49-5

Die Rückkehr der Kernkraft – Warum Atomenergie unsere Zukunft darstellt, Andreas Dripke, Hang Nguyen, Marc Ruberg, 204 Seiten, Paperback, ISBN 978-3-947818-95-2

Alles über Krypto – NFT, Blockchain, Bitcoin & Co, Andreas Dripke, Stephanie Stoerk, 160 Seiten, Paperback, ISBN 978-3-98674-007-8

Computer wie Götter – Die Rechenknechte übernehmen die Herrschaft, Andreas Dripke, Hang Nguyen, 148 Seiten, Paperback, ISBN 978-3-98674-005-4

Das Versagen des Westens in Afghanistan, Syrien und der Ukraine, Hang Nguyen, Jamal Qaiser, 148 Seiten, Paperback, ISBN 978-3-947818-97-6

Interim Manager berichten aus der Praxis: Maschinen- und Anlagenbau, Reihe „Von Interim Managern lernen“, Jürgen Becker, Eckhart Hilgenstock, Falk Janotta, Peter Lüthi, Hans Rolf Niehues, Manfred Richter, Dr. Harald Schönfeld, Dr. Uwe Seidel, Götz Stapelfeldt, Michael Weimar, 312 Seiten, Paperback, ISBN 978-3-947818-75-4

Interim Manager berichten aus der Praxis: Business Transformation, Reihe „Von Interim Managern lernen“, Hrsg: Jürgen Becker, Dr. Harald Schönfeld, ca. 320 Seiten, Paperback, ISBN 978-3-98674-009-2

Wenn sich China und Russland verbünden... Andreas Dripke, Hang Nguyen, Jamal Qaiser, 260 Seiten, Paperback, ISBN 978-3-98674-016-0

Über Diplomatic Council

Das vorliegende Werk ist im Verlag des Diplomatic Council (DC) erschienen: DC Publishing.

Das Diplomatic Council verknüpft einen globalen Think Tank, ein weltweites Business Network und eine Charity Foundation in einer einzigartigen Organisation mit Beraterstatus bei den Vereinten Nationen.

Unsere Mitglieder vertreten die feste Überzeugung, dass Wirtschaftsdiplomatie ein tragendes Fundament für die internationale Völkerverständigung und den friedlichen Umgang der Nationen darstellt. Aus dieser Erkenntnis heraus überträgt das Diplomatic Council das Ziel der globalen Völkerverständigung in ein ökonomisches Mandat. Die Methodik eines weltweiten Wirtschaftsnetzwerkes wird hierzu mit der diplomatischen Kommunikationsebene der Staaten dieser Erde untereinander verknüpft. Vor diesem Hintergrund sind im Diplomatic Council Persönlichkeiten aus Diplomatie, Wirtschaft und Gesellschaft engagiert, die mit Augenmaß ausgewählt werden und die sich durch eine hohe Akzeptanz, eine hohe Kompetenz und ein mit den Grundpfeilern des Diplomatic Council übereinstimmendes Wertesystem auszeichnen. Ebenso sind Unternehmen willkommen, für die Corporate Social Responsibility weit mehr als ein Schlagwort ist.

Weitere Informationen: www.diplomatic-council.org/application

Über United Interim

United Interim (UI) ist das erste digitale Ökosystem im professionellen Interim Management der DACH-Region (Deutschland, Österreich, Schweiz). Für das Diplomatic Council ist United Interim daher der ideale Partner für die Fachbuchreihe „Von Interim Managern lernen".

United Interim bringt alle am Interim-Business beteiligten Parteien auf einer Online-Plattform zusammen: jederzeit, offen, direkt und provisionsfrei. Unternehmen, die einen Interim Manager bzw. eine Interim Managerin suchen, können kostenfrei qualitätsgesicherte Kandidaten über die Plattform finden, kontaktieren – und direkt mit ihnen Projektverträge abschließen. Kein Vermittler steht dazwischen.

Für Interim Manager ist die Nutzung von United Interim der Goldstandard in der digitalen Selbstvermarktung. Die offene Plattform bringt ihnen Sichtbarkeit und Relevanz – präzise bei den Zielgruppen. Ihre Dienstleistung können sie auf professionelle Weise jederzeit anbieten und ihren CV, ihr Video, Ergebnisse eines Diagnostic Tools zur Persönlichkeit, Case-Studies und Kundenreferenzen sowie Fachbeiträge über ein Blog zur Verfügung stellen. Für die Nutzung der Infrastruktur von United Interim zahlen die Interim Manager eine monatliche Flatrate.

Provider und Vermittler sowie Kapitalbeteiligungsgesellschaften und Unternehmensberater können ebenfalls – als Nachfrager nach Interim Managern – kostenlos auf die Interim Manager und Managerinnen direkt zugreifen und im eigenen

Projektgeschäft einsetzen. Das bringt den Interim Managern, die sich auf United Interim präsentieren, zusätzlich weitere Projektanfragen.

Auf der Website von United Interim finden sich ebenfalls Partnerunternehmen, die geprüfte Dienstleistungen und Produkte rund um Interim Management zu günstigen Konditionen anbieten (z.B. Berater für Positionierung und Unterlagen, Weiterbildung, berufsspezifische Versicherungs- und Finanzthemen oder Mobilität).

United Interim geht auf konkrete Anregungen von Kunden und Interim Managern zurück: Immer wieder wurden die Gründer Dr. Harald Schönfeld und Jürgen Becker, die als Herausgeber der vorliegenden Fachbuchreihe fungieren, gefragt, ob es denn nicht möglich sei, einfach selbst in Interim Manager-Datenbanken zu suchen und dort Projekte auszuschreiben. *„Wie bei unseren Festanstellungen wissen wir doch auch bei Projektaufgaben ganz genau, welche Fähigkeiten wir suchen! Wir wissen nur nicht, wo!"*, lauteten die Aussagen der Unternehmen. United Interim ist als Antwort auf diese Anforderungen entstanden.

UNITEDINTERIM GmbH
Kohlrainstrasse 10, CH-8700 Küsnacht / ZH, Schweiz
E-Mail: info@unitedinterim.com, Web: www.unitedinterim.com

Quellenangaben und Anmerkungen

[1] https://wirtschaftslexikon.gabler.de/definition/interim-management-52714/version-275829

[2] https://www.aimp.de/aimp-umfragen/aktuelle-aimp-umfragen

[3] https://www.ddim.de/interim-management/fuer-unternehmen/branchenprofil/

[4] Zum Thema „Karriere als Interim Manager“ vgl. Becker/Schönfeld/Singer (2020).

[5] https://www.ddim.de/interim-management/fuer-unternehmen/kundenvorteile/

[6] https://www2.deloitte.com/de/de/pages/energy-and-resources/articles/maschinenbau-2030.html

[7] https://www2.deloitte.com/de/de/pages/energy-and-resources/articles/maschinenbau-2030.html

[8] https://www.porsche-consulting.com/fileadmin/docs/02_Erfolge/erfolgsgeschichten_leistungsangebot/files/de/Porsche_Consulting_Digital_Machinery_Decoded.pdf

[9] https://www.accenture.com/_acnmedia/PDF-108/Accenture-Service-Is-The-New-Sales.pdf

[10] https://www.chemie.de/news/1156260/neue-wirtschaftsordnung-branchengrenzen-loesen-sich-auf-mega-cluster-entstehen.html

[11] https://www.xing.com/news/klartext/ich-kannibalisiere-mein-geschaft-bevor-andere-es-tun-1329

[12] https://www.divia.de/blog/was-versteht-man-unter-inbound-sales

[13] https://www.business-wissen.de/artikel/marktsegmentierung-beispiele-und-kriterien-fuer-die-einteilung-von-maerkten-und-kunden/

[14] https://top1.fm/DailySalesTips/sales-tip-675-using-compelling-events-to-close-deals/

[15] https://www.datenschutz-grundverordnung.eu

[16] https://www.messengerpeople.com/de/was-bedeutet-conversational-commerce/

[17] https://www.continental.com/de/presse/pressemitteilungen/smart-farming/

[18] https://hilgenstock-hamburg.de/wp-content/uploads/2021/11/Transformation-und-Leadership-neu.pdf